水　理　学

—試験対策から水理乱流現象のカラクリまで—

博士(工学)　山上　路生　著

コロナ社

ま　え　が　き

　水理学で扱う水は流体で，その運動には変形を伴うため，力学的な扱いが難しい。またアプローチ法もさまざまで，種々の仮定や近似を使ったり，複雑な微分方程式も用いる。このことが初学者の理解や学習意欲を阻む一因となっている。完全流体の仮定，渦なし，粘性や抵抗の考慮など，場面によって与えられる条件が異なるため，「水理学の中で，自分がどこの何を勉強しているのかがわからない」といった学生の悲痛な叫びをよく聞く。著者自身も学生時代に苦労したから，気持ちは大変よくわかる。

　本書は，著者が大学の学部・大学院で教育した多くの学生から受けた質問や要望を反映させた教科書である。本書を手に取る読者の目的はさまざまであろう。とにかく水理学の単位がほしい学生から，現象の本質まで詳しく知りたい学部生や大学院生，そして水工学の研究や実務の参考としたい研究者や技術者までさまざまな読者層を想定している。

　そこで図（**a**）のように2部構成とした。第Ⅰ部は「水理学の試験対策編」である。水理学のポイントを整理し，例題と演習問題によって理解を深められるよう工夫した。暗記事項を随所に明記するなど，自習しやすい内容とした。第Ⅰ部で水理学の全体像をつかむことが期待できる。第Ⅱ部は「水理学のカラクリ編」として，流体力学的な視点から水理学で扱う公式や現象を詳しく解説した。図（a）には第Ⅰ部と第Ⅱ部の各章のつながりを示したので参考にしてほしい。

　単位取得が主目的の学生は第Ⅰ部のみの勉強でよいが，それに物足りない読者は第Ⅱ部の関心のある章だけでも読んでほしい。ベルヌーイの定理など通常は暗記で済ます式形も，第Ⅱ部ではその導出や学術背景について述べ，水理学の理解をさらに深める内容とした。また第Ⅱ部は乱流の基本的な考え方につい

て，基礎方程式やその発生メカニズムなどについても扱った。とくに付録も含めて式展開も記載しているので，卒業研究や修士論文の一助にもなるだろう。

　図(b)に水理学および関連する流体力学の体系と本書の構成をまとめた。ここには各章の位置づけも示すので，読者が勉強している箇所が水理学のどこに位置づけられているのかが一目でわかる。見通しがよく不安なく学習できると期待できる。本書が，水理学そして関連する流体力学の魅力を知るきっかけとなることを切に願っている。

　著者が自身の研究で行っている水理実験の経験も，本書の執筆に大きな影響を与えた。所属研究室の京都大学工学研究科教授・戸田圭一先生，同助教の岡本隆明先生には，心より感謝したい。また，学生時代から基礎水理学や乱流力学を親身になってご指導頂いた恩師の京都大学工学研究科名誉教授・禰津家久先生，名古屋工業大学名誉教授・冨永晃宏先生，九州工業大学工学部教授・鬼束幸樹先生には，深甚なる謝意を表したい。さらに所属研究室の修士課程・松本知将君には原稿の校正確認をお願いした。最後に本書の出版については，コロナ社に大変お世話になった。併せて感謝したい。

　　2021 年 8 月

山上路生

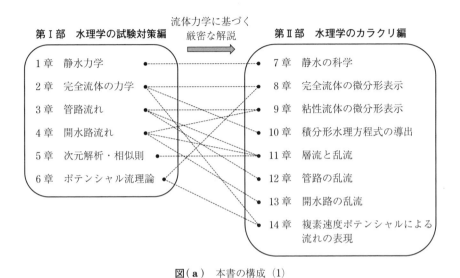

図(a) 本書の構成（1）

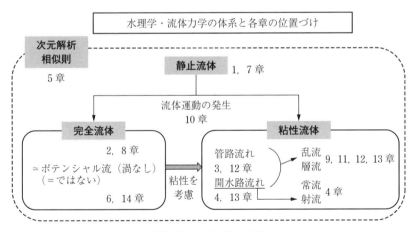

図(b) 本書の構成（2）

目　　　次

3章　管　路　流　れ

4章　開　水　路　流　れ

5章 次元解析・相似則

6章 ポテンシャル流理論

第Ⅱ部 水理学のカラクリ編

7章 静 水 の 科 学

8 章　完全流体の微分形表示

9 章　粘性流体の微分形表示

10 章　積分形水理方程式の導出

11章 層 流 と 乱 流

12章　管路の乱流

13章　開水路の乱流

14章　複素速度ポテンシャルによる流れの表現

第 I 部　水理学の試験対策編

1 章　静　水　力　学

1.1　静　水　圧

1.1.1　静 水 圧 と は

水が完全に静止しているときの圧力を**静水圧** (hydrostatic pressure) と呼ぶ。水面には大気圧が作用するが，水理学や河川工学では大気圧を基準とする**ゲージ圧** (gauge pressure) を採用するため，水面での水圧はゼロとする。ここでは**図 1.1** のように水深 h の水槽を考えて，水深方向座標 y は底面を原点として上向きを正とする。底面からの任意高さ y の点（深さ $h-y$ の点）には，その点から水面までの水の重量に相当する水圧 $p(y)$ が発生する。これは深さに比例し，水の密度 ρ，重力加速度 g を用いて式(1.1)のように三角形分布として表せる。1 点に全方向から等しい水圧が生じる。

$$p(y) = \rho g(h - y) \tag{1.1}$$

水深平均圧力 $\bar{p}$ は式(1.1)を水深方向に平均して

$$\bar{p} = \frac{1}{2} \rho g h \tag{1.2}$$

と表せる。またこの領域の紙面に垂直方向の長さを 1 とすると（本書では，以後単位奥行幅と呼ぶ），全水深領域に作用する**全水圧** (total water pressure)$[P]$

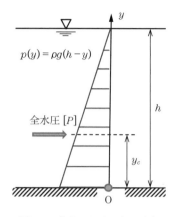

図 1.1 静水における水圧分布

は,

$$[P] = \int_0^h \rho g(h-y) \times 1 \times dy = \frac{1}{2}\rho g h^2 \tag{1.3}$$

となる。全水圧 $[P]$ は集中荷重であり,この作用点 y_c をモーメントの計算式から求める。点 O 周りのモーメント分布を水深方向に積分したものと,全水圧 $[P]$ の点 O 周りの集中モーメントは等しいから次式で計算される。

$$\int_0^h \rho g(h-y) \cdot y\, dy = [P] \cdot y_c \;\leftrightarrow\; y_c = \frac{h}{3} \tag{1.4}$$

1.1.2 鉛直平板に作用する静水圧

水圧は平板に垂直に作用する。したがって,水圧 $p(y)$ の大きさと向きは**図 1.2** のように分布する。図1.1 のように集中荷重として全水圧 $[P]$ を考えるとその作用点は底から水深の1/3 の高さとなる。

もし平板が底面に対して斜めに沈んでいると,水圧と水平方向と鉛直方向,あるいは平板に垂直,平行の2方向について考える必要がある。これについては 1.1.3 項の曲面に作用する水圧と同様の方法で解ける。

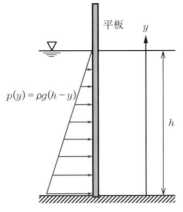

図 1.2 鉛直平板に作用する水圧分布

例題 1.1 図 1.3 のように仕切板の両側の水位がそれぞれ h_1 と h_2 であった。水圧による点 O 周りのモーメントを計算せよ。水の密度を ρ, 重力加速度を g とする。

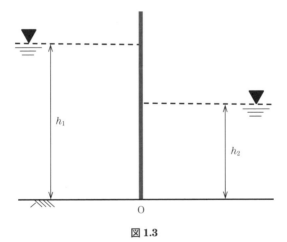

図 1.3

【解答】 図 1.4 のように式 (1.3) および式 (1.4) より仕切板の両側には, それぞれ底から水位の 1/3 の高さに全水圧が作用する。時計回りを正とすれば, 点 O 周りのモーメントは, $\dfrac{1}{2}\rho g h_1{}^2\times\dfrac{h_1}{3}-\dfrac{1}{2}\rho g h_2{}^2\times\dfrac{h_2}{3}=\dfrac{1}{6}\rho g(h_1{}^3-h_2{}^3)$ となる。 ◆

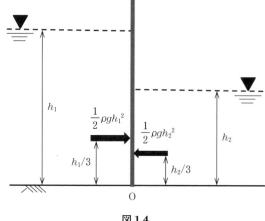

図 1.4

1.1.3　曲面に作用する静水圧

図 1.5 に示すドラム缶やローラーゲートのような曲面をもつ物体に作用する水圧は，水平方向と鉛直方向に分けて考える。まず水平方向については，平板と同様に線形分布を考えればよい。

鉛直方向については，図 1.6 のように水が上側にある面 AB（図（a））と水が下側にある面 BC（図（b））を分けて扱う。AB には水面までの水塊 AA′B′B の

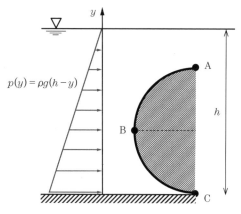

図 1.5　曲面に作用する水平方向の水圧

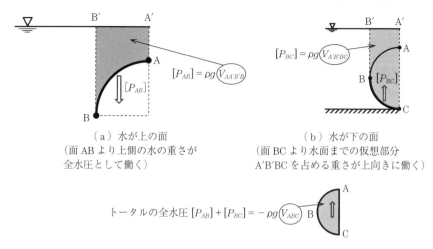

（a）水が上の面
（面 AB より上側の水の重さが
全水圧として働く）

（b）水が下の面
（面 BC より水面までの仮想部分
A′B′BC を占める重さが上向きに働く）

トータルの全水圧 $[P_{AB}] + [P_{BC}] = -\rho g (V_{ABC})$

図 1.6　曲面に作用する鉛直方向の水圧

重さが全水圧 $[P_{AB}]$ として下向きに作用する。したがって，この水塊の体積を $V_{AA'B'B}$ とし下向きを正とすると $[P_{AB}] = \rho g V_{AA'B'B}$ と表せる。BC 面については，ここより水面までの領域 A′B′BC を占める水の重さが上向きに作用する。つまり $[P_{BC}] = -\rho g V_{A'B'BC}$ と表せる。結局，曲面 ABC に作用する鉛直方向の全水圧は，$[P_{AB}] + [P_{BC}] = -\rho g V_{ABC}$ となり，浮力に対応する。

例題 1.2　図 1.7 のように直径 a のローラーゲートで水を堰き止めている。鉛直および水平方向の全水圧と作用点を計算せよ。ゲートの紙面に垂直方向の

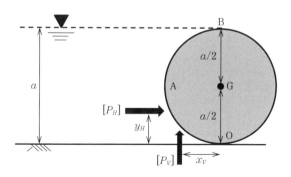

図 1.7

長さを1とする（単位奥行幅）。また，点Oでの摩擦は考えない。水の密度を ρ，重力加速度を g とする。

　　【解答】（水平方向）平板の静水圧と同じように考えればよい。式(1.3)より $[P_H] = \dfrac{1}{2}\rho g a^2$ となる。作用点は式(1.4)より $y_H = \dfrac{1}{3}a$ となる。

　　（鉛直方向）曲面ABには，その上から水面までの領域に相当する水の重さが下向きに水圧として作用する。曲面OAにはその上から水面までの領域に相当する水の重さが上向きに水圧として作用する。トータルとして半円OABの体積の水の重さが浮力として発生する。よって $[P_V] = \dfrac{\pi}{8}\rho g a^2$ となる。重心G周りのモーメントのつり合いより，$-[P_H]\left(\dfrac{a}{2} - \dfrac{a}{3}\right) + [P_V]x_V = 0$ となり $x_V = \dfrac{2a}{3\pi}$ が得られる。

◆

1.2　相　対　的　静　止

　　空間に固定した基準座標に対して，等加速度運動している容器を考える。容器の中には液体が入っている。液体の微小要素も容器とともに運動するが，他の位置の液体要素と相対的な位置の変化がない場合，この液体は**相対的静止** (relative rest of fluid) の状態にあるという。

　　3次元座標を考え，液体のある位置 (x, y, z) に作用する外力（この場合は単位質量当りの力を考える）の成分を F_x, F_y, F_z とする。液体の粘性摩擦を無視すると，液体の運動は後述の**オイラー方程式** (Euler equation) に従う（8章の式(8.10)参照）。運動する容器を基準として液体の運動を考えると，容器と液体の相対速度は0だから，液体のみかけの速度は3方向ともに0となる。したがって位置 (x, y, z) に作用する圧力を P とすると，オイラー方程式の各成分は次式で表せる。

$$\frac{1}{\rho}\frac{\partial P}{\partial x} = F_x, \quad \frac{1}{\rho}\frac{\partial P}{\partial y} = F_y, \quad \frac{1}{\rho}\frac{\partial P}{\partial z} = F_z \tag{1.5}$$

ここで，数学で使う**全微分** (total derivative) の定義より，ある多変数関数 $f(x,$

$y, z)$ は次式のように表せる。

$$df = \frac{\partial f}{\partial x}\, dx + \frac{\partial f}{\partial y}\, dy + \frac{\partial f}{\partial z}\, dz \tag{1.6}$$

f を $P(x, y, z)/\rho$ に置き換え，式(1.5) を用いると

$$\frac{dP}{\rho} = \frac{1}{\rho}\left(\frac{\partial P}{\partial x}\, dx + \frac{\partial P}{\partial y}\, dy + \frac{\partial P}{\partial z}\, dz\right) = \frac{1}{\rho}\left(F_x dx + F_y dy + F_z dz\right) \tag{1.7}$$

さらに水面における液体の運動に注目する。水面では圧力はゼロ（空間的に等圧）と考えて，式(1.7) で $dP = 0$ とすると

$$F_x dx + F_y dy + F_z dz = 0 \tag{1.8}$$

が得られる。式(1.8) は覚えておこう。

例題 1.3　縦型洗濯機に水が溜まっている。角速度 ω で回転させたとき図**1.8** のように水面の中心が低下した。水面の位置について半径方向を x，鉛直方向を y とする。また洗濯機の中心の水面位置を原点とするとき，y を x で表せ。水の密度を ρ，重力加速度を g とする。

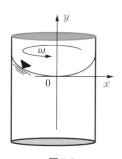

図 1.8

【解答】　円周方向には対称な現象なので，図 1.8 のように 2 次元場で考える。回転する水面上のある点 (x, y) には x 方向に遠心力 $F_x = \omega^2 x$ が，y 方向に重力 $F_y = -g$ が作用する。式(1.8) より $\omega^2 x dx - g dy = 0$，つまり微分方程式 $\dfrac{dy}{dx} = \dfrac{\omega^2 x}{g}$ を解けばよい。これを解くと $y = \dfrac{\omega^2 x^2}{2g} + C$ が得られる。水面は原点 $(x, y) = (0, 0)$ を通るので積分定数は $C = 0$ となる。よって水面形は $y = \dfrac{\omega^2 x^2}{2g}$ と表せる。　◆

1.3 浮 体 の 安 定

　静止液体中に浮かぶ物体（**浮体**（floating object））を考える。この物体には重力と浮力が作用する。浮体が静止しているとき，重力と浮力の大きさは同じでバランスしている。また重力と浮力は同一作用線上であるので回転力は生じないが，なんらかの外乱で，**図1.9** の点 O を中心に紙面に垂直の軸をもつ微小な傾き θ が生じたとしよう。このとき水没体積は変わらないとし，重力と浮力の大きさは同じままとする。

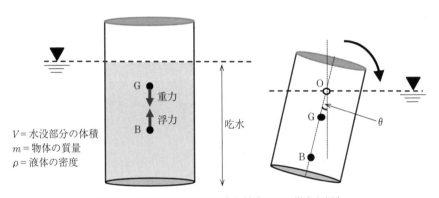

図1.9　静止浮体に作用する力と外乱による微小な傾き

1.3.1　浮体の傾きと傾心（メタセンター）

　図1.10 に示すように，体が傾くと水没部分の形状が変わるため浮心 B が B′ へ移動する。また B′ を通る鉛直線と G–B を通る線の交点を M とし，傾心（メタセンター）と呼ぶ。ここからは M を中心とする回転を考えるものとする。傾きによって重力と浮力の作用線にずれが生じることがポイントである。重力によって，M を中心に回転モーメントが発生する。外乱が収まったときに，復元力が働いて浮体がもとの状態に戻れば安定，逆にさらに傾きが増せば不安定と呼ぶ。図1.10 のように**浮体の安定性** (stability of floating object) は，G と M の位置関係による。

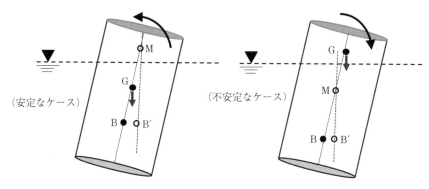

図1.10　重心Gと傾心Mの位置関係と安定・不安定

（安定ケース）

　GがMの下（左）側にあり，重力によって反時計回りのモーメントが生じる。これが復元力となって浮体はもとの位置に戻る。

（不安定ケース）

　GがMの上（右）側にあり，重力によって時計回りのモーメントが生じる。これがさらに傾きを促進し，転覆にいたる危険性が大きい。

（中立ケース）

　移動後の浮心B′が重心Gの真下であれば，G＝Mとなり，M周りのモーメントは生じない。浮体は静止したままである。

1.3.2　浮体安定性の判定式

　1.3.1項で傾心周りの安定性を考察したように，重心が底に近いほど安定することがわかる。大型船のエンジンが底に取り付けられていることからも理解できるだろう。結局，GとMの位置関係で決まるのだが，これを定式化してみよう。

　左右対称な物体が水に浮かんでいるとする。外乱によって**図1.11**（a）のように微小角度θが生じたとする。θが微小なのでBB′は水面に平行と近似する。最終目標は符号付線分GMを求めることで，GMの正負で安定性を評価する。

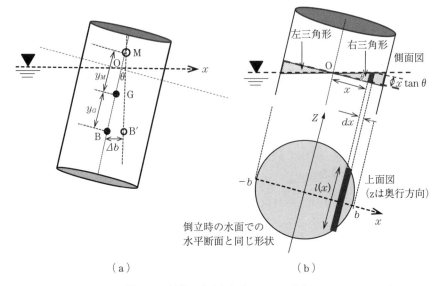

（ａ）   （ｂ）

図 1.11　浮体の安定評価式のための定義図

　まず図（ａ）のように G から M 方向を正として GM の長さを y_M, GB の長さを y_G とすると，上記の説明から

$y_M > 0$：M が G の上（安定）
$y_M < 0$：M が G の下（不安定）

となる。よって y_M を計算してみよう。

　図（ｂ）のドット付きの二つの三角形（左三角形・右三角形）に注目する。右側は傾きによる水没による浮力の増加，左側は空中に出ることによる浮力の減少を示す。グレー部分の微小領域（微小体積 $\Delta V = (x \tan \theta) l(x) dx$）には，もとの浮心点 B 周りのモーメント $x \times \rho g \Delta V$ が発生（あるいは減少）する。よってドット領域全体のモーメントの全増減分は次式となる。

$$\Delta M = \int_{-b}^{b} x \rho g (x \tan \theta) l(x) dx \tag{1.9}$$

　ドット領域全体の点 B 周りモーメントの全増減分を，浮力と浮心の水平移動量 Δb および水没体積 V で表すと次式が得られる。

$$\Delta M = \rho g V \Delta b = \rho g V (y_M + y_G)\tan\theta \tag{1.10}$$

式(1.9) = 式(1.10) より次式が得られる。

$$V(y_M + y_G) = \int_{-b}^{b} x^2 l(x)dx = I_z \tag{1.11}$$

I_z は浮体の水面における水平方向切り口の z 軸周りの**断面2次モーメント**（second moment of area）（付録 A.1 参照）である。整理すると次式となる。

$$y_M = \frac{I_z}{V} - y_G \tag{1.12}$$

このように浮体の幾何形状および水没体積がわかれば，安定性が評価できる。式(1.12) を覚えて具体的な問題でイメージをつかもう。

例題 1.4　図 **1.12** のように，長さ 10 cm，直径 4 cm の円筒体が浮かんでいる。浮体の水中における最下部から水面までの距離（吃水と呼ぶ）は 8 cm であった。このとき浮体の安定性を調べよ。

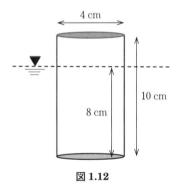

図 1.12

【解答】　式(1.12) を使う。水没体積は 32π cm³。水面の断面は直径 4 cm の円だから $I_z = \dfrac{\pi}{4}\left(\dfrac{4}{2}\right)^4 = 4\pi$ cm⁴（付録 A.1 参照）となる。浮心 B と重心 G は，円筒の中心軸上にそれぞれ底面から 4 cm，5 cm の高さにあるので $y_G = 1$ cm。よって $y_M = \dfrac{4}{32} - 1 < 0$　となる。以上より不安定である。　　　　　　◆

演 習 問 題

1.1 図 1.13 の直径 d および単位奥行幅をもつローラーゲートに作用する水平方向および鉛直方向の全水圧を計算せよ。右向きを正とする。水の密度を ρ，重力加速度を g とする。

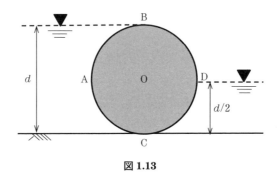

図 1.13

1.2 図 1.14 のように傾斜板で水を堰き止めている。水圧によって点 O に作用するモーメントを計算せよ。単位奥行幅とし，水の密度を ρ，重力加速度を g とする。

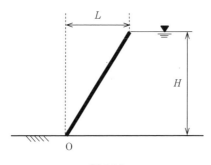

図 1.14

1.3 図 1.15 のように傾斜角 $\theta(0<\theta<90°)$ の斜面に置いた水の入った直方体の水槽を加速度 $\alpha(\alpha>0)$ で引っ張り上げる。なお単位奥行幅とする。このときの水面形を求めよう。水槽の長さは 0.2 m，高さは 0.3 m であり，水槽

を静止させたときの水深は $0.2\,\mathrm{m}$ であった。x および y はそれぞれ水平軸および鉛直軸で，図中に示す矢印の向きを正とする。水槽の中央を $x=0$，静止時の水面の高さ位置を $y=0$ とする。以下，空欄 ①〜⑤ を埋めよ。

水槽に作用する x および y 方向の質量力をそれぞれ F_x および F_y とすると，これらは α, θ および重力加速度 g を用いて，$F_x=$ ① および $F_y=$ ② と表せる。つぎに圧力 P，水の密度 ρ および質量力の間には，$dP=\rho(F_x dx+F_y dy)$ の関係がある。水面の高さを x の関数として $h(x)$ とおき，水面では $P=$ ③ であることと水面が原点 $(x=0,\ y=0)$ を通ることを考えると，$h(x)$ は α, θ, g, x を用いて $h(x)=$ ④ と表せる。また $\theta=30°$ の場合，水槽内の水があふれるためには，$\alpha>$ ⑤ g の条件で引っ張り上げればよい。

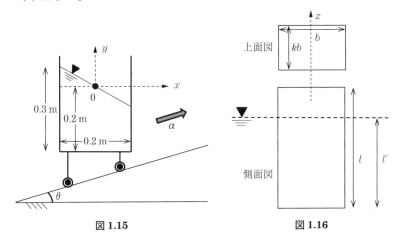

図 1.15　　　　　　　図 1.16

1.4　図 **1.16** に示す直方体の浮体の安定条件を考察せよ。浮体の比重は 2 とする。

2章　完全流体の力学

2.1　完全流体とは

　一般に水や空気などの流体は**粘性**（viscosity）をもつ。粘性は流体内部に作用するせん断抵抗である。その性質は流体に依存するが，ビーカーに入った水と水あめをスプーンでかき混ぜてみると違いがわかる。水あめをかき混ぜるには，水よりも大きな力が必要である。またスプーン近傍の流体運動によって，周囲の流体も同じ速度で動こうとする。これもせん断抵抗の影響である。このように実在の流体は粘性をもつ。

　一方で実在の**粘性流体**（viscous fluid）と比較して，粘性を無視した流体を**完全流体**（perfect fluid）と呼ぶ。理論展開の見通しがよいことから，本章では完全流体を扱い，流体運動の基礎特性や代表的な法則を学ぶ。

2.2　完全流体の3大保存則

2.2.1　完全流体の保存則

　質点や剛体と比べて，流体はつかみどころがなく扱いにくい印象がある。ここで**図2.1**のように水道ホースの先端から放たれる水脈を考えよう。その一部分に注目し，さらに二つの検査断面1と2を考える。断面1および2のそれぞれを単位時間に通過する流体を比較すると，質点の運動と同様に，① 質量，② エネルギー，③ 運動量が保存される（**表2.1**）。以下，これらの保存則を順にみ

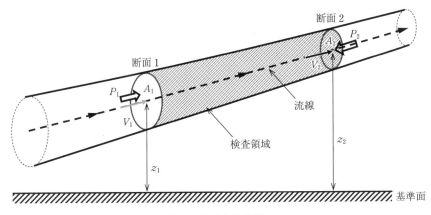

図 2.1　流線と検査領域

表 2.1　完全流体と質点系の保存則の比較

	完全流体	質　点
① 質量保存則 （連続式）	$\rho V_1 A_1 = \rho V_2 A_2 = \rho Q$	$m = \text{const.}$
② エネルギー保存則 （ベルヌーイ式）	同じ流線上で比較 $\dfrac{V^2}{2g} + \dfrac{P}{\rho g} + z = \text{const.}$	$\dfrac{mV^2}{2} + mgh = \text{const.}$
③ 運動量保存則	$\rho Q V_2 - \rho Q V_1 = \sum(F + AP)$	$\Delta(mV) = F\Delta t$

ていこう。

2.2.2　連続式（質量保存則）

図 2.1 において検査断面の断面積を A, 圧力を P, 流速を V とする。P およ び V は同じ断面内で一定とする。添字 1 と 2 はそれぞれ断面 1 と 2 を表す。単 位時間に検査断面を通過する流体の質量を考える。単位時間に進む距離は流速 に等しいので，通過体積は $V \times A$ となる。したがって通過質量は ρVA と表せ る。二つの検査断面で質量保存則が成立すれば，つぎの **連続式**（continuity equation）が成り立つ。

$$\rho V_1 A_1 = \rho V_2 A_2 \tag{2.1}$$

また単位時間当りの通過体積（体積フラックス）を**流量**（discharge）と呼び $Q = V \times A$ で表す。流体の密度が場所によらず一定とすると

$$V_1 A_1 = V_2 A_2 = Q \tag{2.2}$$

と書ける。これは必ず覚えよう。

例題2.1　図**2.2**のように断面積 A_1 の円管1と断面積 A_2 の円管2が滑らかに接続されている。管内は完全流体で満たされている。円管1の流速を計測したところ V であった。このとき円管2のある断面2における流速を計算せよ。また円管2の断面2における流量を表せ。

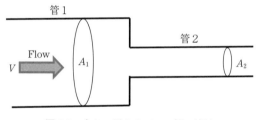

図2.2　太さの異なる二つの管の接続

【解答】　連続式より，$V \times A_1 = V_2 \times A_2$ なので，断面2の流速は $V_2 = V(A_1/A_2)$ となる。断面2の流量は $Q = V_2 \times A_2 = VA_1$ と表せる。　　　　　　　　　　◆

2.2.3　ベルヌーイの定理（エネルギー保存則）

水理学では流体がもつエネルギーは水頭（head）と呼び，長さの単位で表す。3種のエネルギー形態があり，**速度水頭**（velocity head），**位置水頭**（potential head），**圧力水頭**（pressure head）と呼ばれる。このうち，圧力水頭は質点のエネルギーでは表れない流体特有のものである。速度水頭は $V^2/(2g)$，位置水頭は基準面からの高さ z，圧力水頭は $P/(\rho g)$ でいずれも長さの単位になることがわかる。これらの和が，ある位置における全エネルギー，すなわち**全水頭**（total head）であり，完全流体では同一の流線上で保存される。これを**ベル**

ヌーイの定理（Bernoulli's theorem）と呼び，流体運動のエネルギー保存則である。図 2.1 の流線に注目し，二つの検査面における全水頭は保存されるから

$$\frac{V_1^2}{2g} + \frac{P_1}{\rho g} + z_1 = \frac{V_2^2}{2g} + \frac{P_2}{\rho g} + z_2 \tag{2.3}$$

となる。これを**ベルヌーイ式**（Bernoulli's equation）と呼ぶ。各辺の左から順に，単位質量当りおよび単位時間当りの速度水頭，圧力水頭，位置水頭である。完全流体では，同一流線上ではこれらのトータルが一定，つまりエネルギーが保存される。詳しい導出は 10 章を参考にされたいが，この式は覚えよう。

例題 2.2　図 **2.3** のようにノズル先端から水が流出している。ノズル内の断面 1 における圧力 P_1 を計算せよ。完全流体と仮定する。

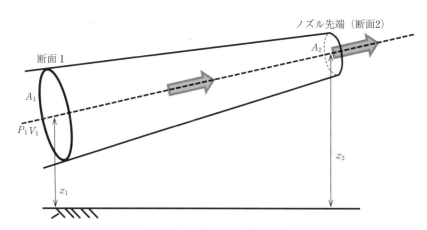

図 2.3　ノズルからの水の流出

【解答】　ノズル先端（断面 2 とする）では水圧が大気に開放されているため，$P_2 = 0$ となる。問題文には書かれていなくとも，大気に接する管の出口の圧力はゼロとして計算しよう。つぎに連続式より，ノズル先端の流速は $V_2 = (A_1/A_2)V_1$ となる。さらに断面 1 と 2 でベルヌーイ式を立てると

$$\frac{V_1^2}{2g} + \frac{P_1}{\rho g} + z_1 = \frac{V_2^2}{2g} + \frac{P_2}{\rho g} + z_2 \leftrightarrow \frac{V_1^2}{2g} + \frac{P_1}{\rho g} + z_1 = \frac{1}{2g}\left(\frac{A_1}{A_2}\right)^2 V_1^2 + z_2$$

と表せる。これを整理して $P_1 = \dfrac{\rho V_1^2}{2}\left(\dfrac{A_1^2}{A_2^2} - 1\right) + \rho g(z_2 - z_1)$ と計算される。　◆

2.2.4　運動量式（運動量保存則）

　三つ目の保存則として運動量を取り上げよう。質点の運動量は表 2.1 にも記載しているように，質量×速度で定義される。では流体の場合はどのように表せばよいか？　連続式の導出と同様に単位時間当り（例えば 1 s 当り）に検査断面を通過する流体の質量を考える。これは流体の密度×流量（単位時間当りに通過する体積）であるから，ρQ となる。これに速度をかければ運動量になるので

$$\text{（単位時間当りに検査断面を通過する運動量）} = \rho QV \tag{2.4}$$

と表せる。これは覚えておこう。あらためて質点系の運動量の保存則を振り返ると，質点が受けた力積が運動量の変化になる。この関係をそのまま流体にあてはめるが，流体はつかみどころがないので，連続式のように二つの検査断面間における運動量の変化を考える。ここで検査領域に流入する断面 1 および流出する断面 2 を通過する運動量をそれぞれ変化前，変化後の運動量とする。したがって運動量の変化は $\rho QV_2 - \rho QV_1$ と表せる。つぎに力積は作用力と時間の積であるが，運動量は単位時間で考えているので，力積も単位時間のものとする。また検査領域に存在する流体に作用する力の合力を考える。これらには二つの検査断面に作用する圧力，およびその他の外力が含まれる。外力としては検査領域の流体に作用する重力や障害物から受ける力があげられる。なお粘性流体の場合は摩擦力を考慮する必要があるが，完全流体では考えない。まとめると，つぎの**運動量式**（momentum equation）が得られる。

$$\rho QV_2 - \rho QV_1 = P_1 A_1 - P_2 A_2 + \sum F \tag{2.5}$$

　左辺が単位時間における運動量の変化，右辺が単位時間に流体に作用する力積の総和である。もちろん，これも暗記だが運動量保存則の本質を理解しておけば思いだせる。図 2.1 に矢印で示したように圧力の向きに注意する必要があ

る。検査領域に外側から内側に作用する方向を正とするので，立式の際には符号に気をつける必要がある。流線の方向を正とすると，P_2 の向きは逆なのでマイナスの符号をかけている。演習問題を通じて理解を深めよう。

また運動量は，質量やエネルギーのスカラー量と異なり，方向をもつベクトルである点も注意しなければいけない。例題 2.4 や演習問題 2.2 で確認しよう。

例題 2.3 **図 2.4** のように水平に置かれた直径 d_1 の円管から，水が排水されている。出口の断面積はバルブによって直径 d_2 に調整されている。断面 1 は管内の任意位置，断面 2 は出口にそれぞれ設定された検査面である。このとき図中に与えられた変数を使って，水流がバルブから受ける力の大きさ F を求めよ。完全流体と仮定し水の密度を ρ とする。

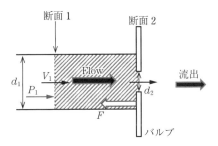

図 2.4 バルブ付き流出口からの排水

【解答】 断面 2 における圧力と流速をそれぞれ P_2, V_2 とする。流れの方向についての運動量式を考えると，圧力以外の外力は水がバルブから受ける力のみとなり，$\rho Q V_2 - \rho Q V_1 = P_1 A_1 - P_2 A_2 - F$ となる。ここで F の符号に注意する必要がある。さらに断面 II は大気開放なので，$P_2 = 0$，連続式より $V_2 = (d_1{}^2/d_2{}^2)V_1$，$Q = V_1(\pi d_1{}^2/4)$ となる。これらを代入して F についてまとめると

$$F = \frac{\pi}{4} d_1{}^2 P_1 - \frac{\pi}{4}\rho V_1{}^2\left(\frac{d_1}{d_2}\right)^2 (d_1{}^2 - d_2{}^2)$$

と計算される。　　　　　　　　　　　　　　　　　　　　　　　　　　◆

例題 2.4 **図 2.5** のような 2 次元の流量 Q の垂直な落下水脈を考える。水平な底面に衝突後，水平方向の左右 2 方向に分岐する。分岐後の左側水脈の断面

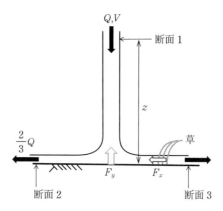

図 2.5　底面に衝突分岐する落下水脈

2 における流量は $\dfrac{2}{3}Q$ であった。一方，右側水脈中には草があり，大きさ F_x の

抗力抵抗を水平方向に受ける。また水脈は地面から大きさ F_y の力を受ける。F_x と F_y を計算せよ。水平水脈の高さは断面 1 の高さ z に比べて十分小さいものとし，水脈は完全流体として扱えるものとする。また完全流体とし，水の密度を ρ，重力加速度を g，断面 1，2，3 で囲まれた水脈の質量を m とする。

【解答】　この問題は連続式，ベルヌーイ式，運動量式を組み合わせて解くので，必ずマスターしよう。**図 2.6** に示す 3 断面に囲まれた検査領域を考える。

　検査領域への流入断面は 1，流出断面は 2 と 3 である。流入断面と流出断面を通過する単位時間当りの水の質量（体積）は等しいから，断面 3 における流量は，$Q-\dfrac{2}{3}Q=\dfrac{1}{3}Q$ となる。つぎにベルヌーイ式を使って水平水脈の速度を求めよう。断面 1 には無数の流線が存在するが，左右いずれかの水脈に分岐する。ここでは図のように 2 本の流線に注目する。断面 1 における点（ia）および点（ib）を通る流線はそれぞれ断面 2 の点（ii）および断面 3 の点（iii）を通るものとする。なお水脈なので，圧力は大気に開放されているので 0 とする。水平水脈の厚さは十分小さいため，点（ii），点（iii）と断面 1 の鉛直距離は z としてよい。そこで点（ia）と点（ii）および，点（ib）と点（iii）でベルヌーイ式を立てると，

$\dfrac{V^2}{2g}+z=\dfrac{V_{ii}{}^2}{2g}$，$\dfrac{V^2}{2g}+z=\dfrac{V_{iii}{}^2}{2g}$ となり，$V_{ii}=V_{iii}=\sqrt{V^2+2gz}$ が得られる。V_{ii}，V_{iii} は

それぞれ点（ii）および点（iii）における流速であるが，断面 2 と断面 3 の代表流

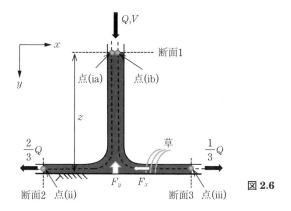

図 2.6

速と考える。

　最後に鉛直下向を正，右向きを正とし，式(2.5)を参考に運動量式を考える。

　(y 方向）断面 2 と断面 3 においては y 方向の流出はなく，外力として重力と F_y を考えればよいので，$(0+0) - \rho QV = -F_y + mg \rightarrow F_y = \rho QV + mg$ と表せる。

　(x 方向）断面 1 においては x 方向の流入はなく，断面 2，断面 3 それぞれから，$-\rho \frac{2}{3} QV_{ii}$，$\rho \frac{1}{3} QV_{iii}$ の流出があるので，$-\rho \frac{2}{3} QV_{ii} + \rho \frac{1}{3} QV_{iii} - 0 = -F_x$ と表せる。ここで符号に注意する必要がある。よって $F_x = \frac{1}{3}\rho Q\sqrt{V^2 + 2gz}$ と表せる。

◆

演　習　問　題

2.1　ピトー管（Pitot tube）はベルヌーイの定理を利用した流速計測器である。図 2.7 のように折り曲げた 2 本の細管を用いる。1 本の先端は開放させる（これを動圧管と呼ぶ）。もう 1 本の先端は閉じて，先端近傍の管壁に穴をあける（これを静圧管と呼ぶ）。静圧管の穴の位置 S と動圧管の先端位置 D に，ベルヌーイの定理を適用して計測点における流速 V が二つの管の水位差 Δh で表せることを示せ。なお点 S の流速を V，点 D の流速を 0 と近似する。また点 S と点 D は同一の高さにある。さらに点 S と点 D の水

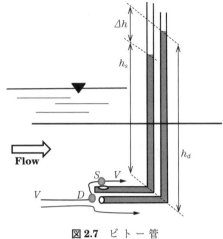

図2.7　ピ ト ー 管

圧は，それぞれ動圧管と静圧管の水位より求めた静水圧に等しいものとす
る。完全流体とし，水の密度を ρ，重力加速度を g とする。

2.2　図2.8のような水平路床をもつ長方形断面の湾曲河川を考える。流量を
Q，断面1および2の断面積と断面平均圧力をそれぞれ A_1, P_1 および A_2,
P_2 とする。水流は完全流体と仮定し，路床の摩擦は考えなくてよい。また
断面1および2では静水圧を仮定してよい。水流は川岸から力を受け，x
方向および y 方向成分をそれぞれ F_x, F_y とする。力の向きは図中の座標軸
の方向を正とし，水の密度を ρ，重力加速度を g とする。

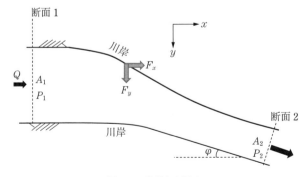

図2.8　湾曲河川流れ

(1) 断面 1 および 2 で成立する運動量式を x と y 方向ごとに示し，F_x，F_y を与えられた変数を用いて表せ。

(2) $Q = 10 \text{ m}^3/\text{s}$，$\rho = 1\,000 \text{ kg/m}^3$，$g = 9.8 \text{ m/s}^2$，$\varphi = 45°$，$A_1 = 20 \text{ m}^2$，$A_2 = 10 \text{ m}^2$ で，断面 1 と 2 の水深がそれぞれ $h_1 = 0.8 \text{ m}$，$h_2 = 0.6 \text{ m}$ であった。このとき F_x，F_y の合力の大きさとその向きを計算せよ。

2.3 図 2.9 の装置は，車輪付の断面積 A の円筒タンクに断面積 a の排水管を取り付けたものである。排水により，タンクに力が作用しジェット推進する。完全流体と仮定し，以下の問いに答えよ。

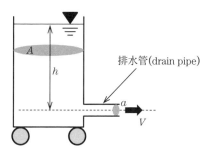

図 2.9　水流によるジェット推進

(a) 図のように排水管の中心軸を基準とした水位が h，排水速度が V のとき，タンク水面と排水管出口で水平方向の運動量式を立てよ。なお水が受ける水平方向の力を F とする。

(b) タンクに作用する推進力 F_p を計算せよ。（ヒント：水とタンクの間の作用反作用をシンプルに考えよう。）

(c) 水位が h から $h/2$ まで低下する時間を求めよ。ただし水面の低下速度は排水速度に対して十分小さく，水位が h のとき $V = \sqrt{2gh}$ と計算してよい。

3章 管路流れ

3.1 管路流れとは

　上水道管のように水が管内を充満している場合，上流側に高い水圧が与えられると管内の水は下流側へ流れる。このような流れを**管路流れ**（pipe flow）と呼ぶ。バスポンプを使った浴槽の残り湯の洗濯機への送水も管路システムの一例である。ポンプによって機械的に水圧を高めることで，ポンプ側とホース下流端の間に圧力勾配（水圧差）を発生させて水流を作り出している。管路流れでも保存則を考える。連続式と運動量式は2章の完全流体で学んだものが適用できるが，エネルギーについては注意が必要である。水は粘性流体であるため，管路の流下とともにエネルギーの損失が発生する。本章では管路の定常流について演習問題を通じてその水理特性を理解する。

3.2 定常管路流れの基礎式

3.2.1 連　続　式

　図 3.1 の管路流れを考えよう。完全流体の**流管**（stream tube）で学習した図2.1と同様に二つの検査断面1と2を設定し，それぞれを単位時間に通過する流体を比較する。質量フラックスは保存され，つぎの連続式が成立する。

$$\rho V_1 A_1 = \rho V_2 A_2 \tag{3.1}$$

さらに密度が一定であれば，流量である体積フラックスが保存されて次式となる。

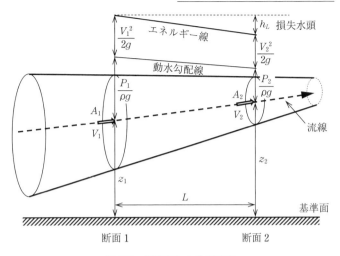

図 3.1 管路流れと検査断面

$$V_1 A_1 = V_2 A_2 = Q \tag{3.2}$$

水理学では管路内の流体は水を扱うことがほとんどで，急激な圧縮を伴うなどの特別な場合を除いて式(3.2) が適用できる。

3.2.2 エネルギー式

図 3.1 のように，流体のエネルギーである全水頭は，速度水頭，位置水頭，圧力水頭の和であった。特に完全流体では全水頭が保存される。一方で実在の水は粘性流体であるから，管壁との摩擦，あるいは管形状によるエネルギーの損失を無視できない。つまり，下流側の全水頭は上流側よりも減少する。この減少分 h_L をエネルギー損失，あるいは**損失水頭**（head loss）と呼ぶ。したがって，断面 1 と 2 におけるエネルギーのバランスは次式で表せる。

$$\alpha \frac{V_1^2}{2g} + \frac{P_1}{\rho g} + z_1 = \alpha \frac{V_2^2}{2g} + \frac{P_2}{\rho g} + z_2 + h_L \tag{3.3}$$

これは損失を考慮したベルヌーイ式である。α は**エネルギー補正係数**（energy correction coefficient）で大よそ 1.0〜1.1 程度の値をもつ。圧力 P は断面内で一定とする。速度 V は断面の代表速度であるが，壁面における流速減少

分を補正するために速度水頭に α を乗じる。断面積 A の管路で,流速分布が U で与えられるとき,単位時間当りに通過するエネルギーフラックスは断面平均流速で表すと $\alpha \times \rho V \times V^2 \times A$ であり, 流速分布より厳密に計算すると $\iint_A \rho U \times U^2 dA$ である。両者が等しいことから $\alpha \equiv \dfrac{1}{A} \iint_A \left(\dfrac{U}{V}\right)^3 dA$ と計算される。

損失水頭は断面間の距離に依存する。そこで単位距離当りのエネルギー損失を考え,次式で**エネルギー勾配**（energy gradient）を定義する。

$$I_e = \frac{dh_L}{dx} \cong \frac{h_L}{L} \tag{3.4}$$

全水頭を連ねた線を**エネルギー線**（energy grade line）と呼び,この傾きが I_e に相当する。また全水頭から速度水頭を除いたものを**ピエゾ水頭**（piezometric head）と呼び,これを連ねた線を**動水勾配線**（hydraulic grade line）と呼ぶ。これらの用語の定義と意味を,図 3.1 を参考に正確に理解しよう。

3.2.3 運 動 量 式

運動量式については,完全流体と同じく次式で表せる。

$$\rho \beta Q V_2 - \rho \beta Q V_1 = P_1 A_1 - P_2 A_2 + \sum F \tag{3.5}$$

ただし,検査領域の流体に作用する外力 F に,壁面摩擦などの粘性に関係するものが追加される。β は**運動量補正係数**（momentum correction coefficient）でエネルギー補正係数と同様の概念で 1.0 に近い値をもち,$\beta \equiv \dfrac{1}{A} \iint_A \left(\dfrac{U}{V}\right)^2 dA$ で定義される。管路流れを支配する上記三つの基礎方程式は完全流体のものとほとんど同じである。ベルヌーイ式において損失水頭を考慮したことが大きな違いである。

例題 3.1　**図 3.2** のように管径が異なる円形パイプが水平に接続された管路流を考える。それぞれの管径を D, $2D$ とし,太い方の管内流速を V とする。

断面 1 と 2 の間の水圧差を ΔP し,この 2 断面間の損失水頭を h_L とする。h_L

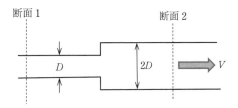

図 3.2　異径パイプが接続された水平管路

を与えられた文字を使って計算せよ。管路内の流体密度と重力加速度をそれぞれ ρ, g とする。エネルギー補正係数を 1 とする。

【解答】　円管なので断面 1 および 2 の断面積はそれぞれ $\pi D^2/4$, πD^2 である。連続式より，断面 1 の流速は $4V$ となる。断面 2 の全水頭は断面 1 よりも損失水頭 h_L だけ小さいから，円管の中心軸を通る流線に注目して，エネルギー式を立てると，$\dfrac{(4V)^2}{2g}+\dfrac{P_1}{\rho g}=\dfrac{V^2}{2g}+\dfrac{P_2}{\rho g}+h_L$ となる。水平管なので位置水頭は 2 断面で同じである。$\Delta P=P_1-P_2$ であるから，$h_L=\dfrac{(4V)^2-V^2}{2g}+\dfrac{P_1-P_2}{\rho g}=\dfrac{15V^2}{2g}+\dfrac{\Delta P}{\rho g}$ と表せる。◆

3.3　損　失　水　頭

　管路の損失水頭には，管路の曲がりや断面形の変化に起因する**形状損失**（minor energy loss）と，管の内壁摩擦による**摩擦損失**（friction energy loss）の二つがある。いずれも速度水頭に比例する。したがって断面間の損失水頭は形状損失と摩擦損失のトータルで評価する。

3.3.1　形　状　損　失
　一定管径をもつ直線管路では形状損失は発生しないが，管路システムの途中に，断面の局所変化がある場合には，流れの剥離や渦生成にエネルギーが消費されるため，形状損失が発生する。代表的なケースとして，(a) 急拡損失，(b) 漸拡損失，(c) 急縮損失，(d) 漸縮損失，(e) 出口損失，(f) 入口損失，(g)

曲がり損失があげられる（**図 3.3**）。出口，入口損失は貯水タンクの流入部，流出部にみられる。急拡・急縮損失は異径管が直接接続される場合に，漸拡・漸縮損失は接続部に遷移区間がある場合にみられる。なお漸縮部では流れの剥離による渦生成が発生しにくいため，漸縮損失は他の形状損失に比べて小さい。

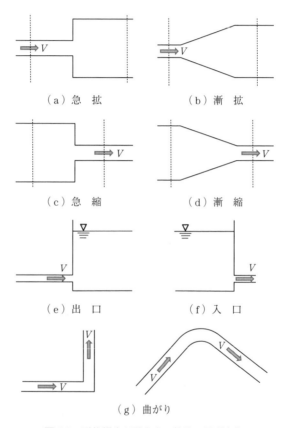

（ a ）急　拡　　　　　　　（ b ）漸　拡

（ c ）急　縮　　　　　　　（ d ）漸　縮

（ e ）出　口　　　　　　　（ f ）入　口

（ g ）曲がり

図 3.3　形状損失が発生する管路の局所変化

　形状損失水頭（minor head loss）は，**形状損失係数**（coefficient of minor head loss）K を使って実験的に次式のように速度水頭に比例する形で表せる。

$$h_L = K \frac{V^2}{2g} \tag{3.6}$$

K は形状の種類や対象とする流れ場に依存する。特に急拡の形状損失係数は K

$$= \left(1 - \frac{A_1}{A_2}\right)^2$$ (ボルダ・カルノー式)，出口（急拡の $A_2 \to \infty$ と考える）の形状損

失係数は $K = 1$ と理論的に導かれるので，覚えておこう。12章で形状損失につ
いて詳細に説明する。式(3.6) の V は局所変化部をはさむ2断面の流速のうち，
大きいほうの流速を用いる。例えば図3.3(a)の急拡の場合には，上流側の細
管の流速のほうが，下流側の太管の流速よりも大きい。したがって細管の流速
を使って形状損失を評価する。

例題 3.2　図 **3.4** のように曲がりと漸拡区間を含む管路の流れが貯水タンク
に流入している。

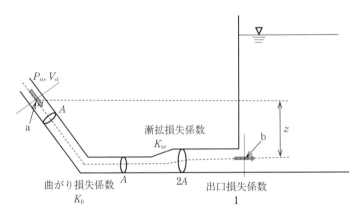

図 3.4　貯水タンクに流入する管路流れ

また漸拡によりパイプの断面積が2倍になっている。点aと点bは同一流線
上にあり，点bはパイプ出口直後の貯水タンク内にある。点aにおける圧力を
P_a，流速を V_a とするとき，点bの全水頭を図中の文字を使って計算せよ。摩擦
損失は無視する。水の密度を ρ，重力加速度を g，エネルギー補正係数を1と
する。

【解答】　まず連続式より，太いほうの管における流速は $V_a/2$ となる。形状損失
水頭はつぎのように計算される。

曲がり損失：$K_b \dfrac{V_a^2}{2g}$

漸拡損失：$K_{se} \dfrac{V_a^2}{2g}$　（細管内の流速を使う）

出口損失：$1 \times \dfrac{(V_a/2)^2}{2g} = \dfrac{V_a^2}{8g}$　（太管内の流速を使う）

摩擦損失は考えないから，損失水頭はこれらの和となり，$h_L = K_b \dfrac{V_a^2}{2g} + K_{se} \dfrac{V_a^2}{2g} + \dfrac{V_a^2}{8g} = \left(K_b + K_{se} + \dfrac{1}{4} \right) \dfrac{V_a^2}{2g}$である。点 b を基準高さとして，点 a の全水頭 H_a は $\dfrac{V_a^2}{2g} + \dfrac{P_a}{\rho g} + z$ となる。したがって，点 b の全水頭 H_b は，$H_b = H_a - h_L = \dfrac{P_a}{\rho g} + z - \left(K_b + K_{se} - \dfrac{3}{4} \right) \dfrac{V_a^2}{2g}$ と表せる。　　　　◆

3.3.2 摩 擦 損 失

図 3.5 に示す一定管径 D をもつ水平パイプの長さ L の区間に注目する。管路流は上流と下流の圧力差で駆動する。一方で管の内壁と流体の間には摩擦が生じるため，流体は**壁面せん断応力**（wall shear stress）τ_0 に対抗して仕事をしながら流下する。その結果，エネルギーが消費される。これが摩擦損失で，**摩擦損失水頭**（friction head loss）は次式で表せる。

$$h_L = f \frac{L}{D} \frac{V^2}{2g} \tag{3.7}$$

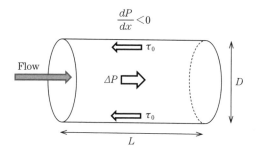

図 3.5　水平管路に作用する差圧と壁面せん断応力

式(3.7) を**ダルシー・ワイスバッハ式**（Darcy–Weisbach equation）と呼ぶ。これは必ず覚えておこう。この場合，管径が一定だから連続式よりこの区間の上下端の流速は同じになる。また位置水頭も変化しないから，損失水頭は圧力水頭の減少分に等しく $h_L = -\dfrac{\Delta P}{\rho g}$ と表せる。

f は**摩擦損失係数**（Darcy friction factor）で管路の内壁表面の粗さや流速等によって変わる。また**層流**（laminar flow）か**乱流**（turbulent flow）（11章参照のこと）で扱いが変わる。

- **層流**（非常に遅く渦の生成がみられない流れ）の場合：**レイノルズ数**（Reynolds number）Re を使って，**ハーゲン・ポアズイユ流れ**（Hagen-Poiseuille flow）の流速式より $f = 64/\mathrm{Re}$ と表せる（例題 3.3 参照）。
- **乱流**（大小の渦や流速の時間変動を伴う流れ）の場合：実験公式をもとにした**ムーディ線図**（Moody chart）を用いる。**図 3.6** に概略を示す（12.2 節参照）。レイノルズ数が大きくなると，内壁の材質，つまり壁面の相対粗度（壁面の凹凸高さ／管径）の影響が大きくなり，レイノルズ数だけでは

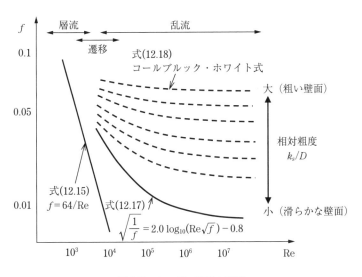

図 3.6 ムーディ線図の概形

一意に決まらない。なお，レイノルズ数は $\mathrm{Re} \equiv VD/\nu$ と定義される。ここ
で ν は**動粘性係数**（kinematic viscosity）で**粘性係数**（viscosity）μ とは，
$\nu = \mu/\rho$ の関係がある（9.6 節参照）。

例題 3.3　一定管径をもつ水平円管内の層流（ハーゲン・ポアズイユ流れ）
の流速（12.1 節参照）は，粘性係数 μ，圧力勾配 dP/dx，管径 D を用いて，V
$= -\dfrac{1}{32\mu}\left(\dfrac{dP}{dx}\right)D^2$ と表せる。このとき摩擦損失係数が $f = \dfrac{64}{\mathrm{Re}}$ となることを示せ。

【解答】　二つの検査断面間の距離を L，圧力差を ΔP とすれば，この区間の圧
力勾配は $\dfrac{dP}{dx} \cong \dfrac{\Delta P}{L}$ と近似的に表せる。よって，$V = -\dfrac{1}{32\mu}\dfrac{\Delta P}{L}D^2$ となる。ここで
一定管径により流速は流下方向に一定であり，水平管路のため位置水頭も流下方
向に一定である。したがって損失水頭 h_L＝圧力水頭の変化分 $-\dfrac{\Delta P}{\rho g}$ となる。よっ
て，$V = \dfrac{1}{32\mu}\dfrac{\rho g h_L}{L}D^2$ となる。さらに $h_L = \dfrac{32\mu LV}{\rho g D^2} = 64\dfrac{\mu/\rho}{VD}\dfrac{L}{D}\dfrac{V^2}{2g} = \dfrac{64}{\mathrm{Re}}\dfrac{L}{D}\dfrac{V^2}{2g}$ と
整理できる。式(3.7) のダルシー・ワイスバッハ式と比較すると，確かに $f = \dfrac{64}{\mathrm{Re}}$ で
ある。　　　　　　　　　　　　　　　　　　　　　　　　　　　　　　◆

例題 3.4　**図 3.7** のように二つの貯水池間を送水する際に，一旦，これらの
水面よりも高い場所まで管を上げる送水システムを**サイフォン**（siphon）と呼
ぶ。図中の文字を用いて下記の問題に答えよ。なお，f, l, d は管の摩擦損失係
数，長さ，直径であり，添字 1 と 2 はそれぞれ ab および bc の管を表す。H_A,
H_B はそれぞれの貯水池の水深である。形状損失としては入口，出口損失を考え
ればよい。ここでは曲がり損失と貯水池の水面高さの時間変化は無視する。水
の密度を ρ，重力加速度を g，エネルギー補正係数を 1，入口の形状損失係数を
K_e とする。

(1) 管内の流速を表せ。

(2) サイフォン頂部の点 b における圧力水頭を表せ。

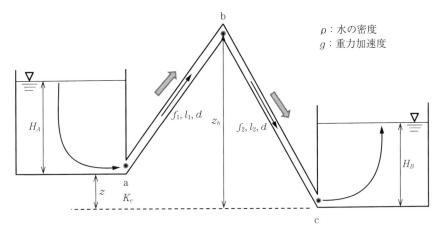

ρ：水の密度
g：重力加速度

図3.7 サイフォン

【解答】

(1) 二つの貯水池の水面間でエネルギーのバランスを考える。形状損失は，点 a における入口損失と点 c における出口損失である（出口損失係数＝1）。したがって，管内流速を V として $(K_e+1)\dfrac{V^2}{2g}$ となる。摩擦損失は式(3.7)を ab と bc の管にそれぞれ適用して，$\left(f_1\dfrac{l_1}{d}+f_2\dfrac{l_2}{d}\right)\dfrac{V^2}{2g}$ となる。よって損失水頭は，$h_L=\left(K_e+1+f_1\dfrac{l_1}{d}+f_2\dfrac{l_2}{d}\right)\dfrac{V^2}{2g}$ となる。上流側および下流側の貯水池水面では流速は問題条件より 0 と近似でき，圧力は 0 であるから，全水頭はそれぞれ，H_A+z，H_B である。

$H_A+z=H_B+h_L$ なので，$V=\sqrt{\dfrac{2g(H_A-H_B+z)}{K_e+1+f_1\dfrac{l_1}{d}+f_2\dfrac{l_2}{d}}}$ と計算される。

(2) 上流側の貯水池水面と点 b のエネルギーを比べる。損失水頭は $h_L=\left(K_e+f_1\dfrac{l_1}{d}\right)\dfrac{V^2}{2g}$ である。点 b の水圧を P_b とすれば点 b の全水頭は $\dfrac{V^2}{2g}+\dfrac{P_b}{\rho g}+z_b$ である。よって $H_A+z=\dfrac{V^2}{2g}+\dfrac{P_b}{\rho g}+z_b+h_L$ となる。これより，点 b の圧力水頭は，$\dfrac{P_b}{\rho g}=H_A+z-z_b-\dfrac{V^2}{2g}-h_L=H_A+z-z_b-\left(1+K_e+f_1\dfrac{l_1}{d}\right)\dfrac{H_A-H_B+z}{K_e+1+f_1\dfrac{l_1}{d}+f_2\dfrac{l_2}{d}}$ となる。サイフォン頂部では水圧が低下するが，過剰の低下は気泡の発生（**キャビテーション**

（cavitation））を招き，うまく送水されなくなる。一般に$\dfrac{P_b}{\rho g} > -8$(m)程度がサイフォンの動作条件とされている。　　　　　　　　　　　　　　　　◆

3.4　壁面せん断応力とエネルギー勾配

図3.5の壁面せん断応力とエネルギー勾配の関係を求めよう。管径一定の水平管の場合，エネルギー勾配は$I_e = \dfrac{dh_L}{dx} = -\dfrac{1}{\rho g}\dfrac{dP}{dx}$と圧力勾配で表せる。上流側検査面の圧力を$P$とすると，下流側検査面の圧力は$P + \dfrac{dP}{dx}L$と表せ，差圧は$-\dfrac{dP}{dx}L$となる。検査領域には$-\dfrac{dP}{dx}L \times \dfrac{\pi D^2}{4} = \dfrac{\pi D^2 L}{4}\rho g I_e$の全水圧が流下方向に生じる。これと壁面摩擦力が対抗する。壁面せん断応力（単位面積に作用する力）τ_0に検査領域の全壁面の面積をかけると，壁面摩擦力は$\tau_0 \times \pi DL$と表せる。全水圧＝底面摩擦力より

$$\tau_0 = \rho g I_e R \tag{3.8}$$

ここでRは**径深**（hydraulic radius）で**潤辺**（wetted perimeter）sと断面積Aを用いて

$$R \equiv \frac{A}{s} \tag{3.9}$$

と定義される。潤辺とは断面において流体と内壁が接する箇所の長さである。円管の場合，$s = \pi D$ で，$R \equiv \dfrac{\pi D^2/4}{\pi D} = \dfrac{D}{4}$となる。式(3.8)，式(3.9)ともに覚えておこう。

底面摩擦力を速度の単位で表すものを**摩擦速度**（friction velocity）と呼び，次式で定義する。これもよく使うので覚えておこう。

$$U_* \equiv \sqrt{\frac{\tau_0}{\rho}} \tag{3.10}$$

3.5 流 速 公 式

式(3.4) と，式(3.7) のダルシー・ワイスバッハ式より

$$V = \sqrt{\frac{2}{f}}\sqrt{gDI_e} = \sqrt{\frac{8}{f}}\sqrt{gRI_e} \quad (\because D = 4R) \tag{3.11}$$

が得られる。これからエネルギー勾配，管断面の径深，摩擦損失係数がわかれば管内の流速が計算できる。式(3.11) に式(3.8) と式(3.10) を代入すると，摩擦損失係数が次式で表される。

$$f = 8\left(\frac{U_*}{V}\right)^2 \tag{3.12}$$

式(3.11) のほかに，式(3.13) の**マニング式**（Manning formula）や式(3.14) の**シェジー式**（Chezy formula）が実用公式としてよく知られている。これらも覚えよう。

$$\text{マニング式}：V = \frac{1}{n}R^{2/3}I_e^{1/2} \tag{3.13}$$

ここで n は**マニングの粗度係数**（Manning's roughness coefficient）である。単位〔m$^{-1/3}$s〕をもつため，使用上の注意を要するが，等流では材質の表面粗さによってのみほぼ決まるとされる。材質だけでなくレイノルズ数にも影響するダルシー・ワイスバッハ式の摩擦損失係数 f に比べると実用面で有利である。これが広く普及している理由であろう。

$$\text{シェジー式}：V = CR^{1/2}I_e^{1/2} \tag{3.14}$$

ここで C は**シェジー係数**（Chezy's coefficient）で，マニングの粗度係数と $C = \frac{1}{n}R^{1/6}$ の関係にある。

3.6 並 列 管 路

　図 **3.8** のように管路の途中で 2 管以上に分岐して下流で再び合流するものを**並列管**（parallel pipes）という。分岐点から合流点までの個々の管路におけるエネルギー損失が等しくなることに注意して各管路にエネルギー式を適用すればよい。

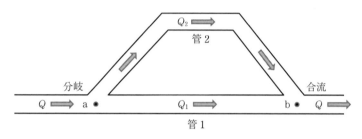

図 3.8　並列管の例

　分岐点 a から合流点 b の間の損失水頭は，管 1 と管 2 で等しくなり，$h_{L1} = h_{L2}$ である。また $Q = Q_1 + Q_2$ である。

演 習 問 題

3.1　図 **3.9** のように水平基準面に対して θ 傾いた一定管径 D の直線円管を考える。断面 1 および 2 における流軸の高さを z_1, z_2, 圧力を P_1, P_2 とする。断面 1 と断面 2 の距離を L, 壁面せん断応力を τ_0 とする。水の密度を ρ, 重力加速度を g, エネルギー補正係数および運動量補正係数は 1 とする。

(1) 断面 1-2 間の摩擦損失水頭 h_L を ρ, g, z_1, z_2, P_1, P_2 を用いて表せ。

(2) 断面 1-2 に囲まれた領域の水の重さ W を π, ρ, g, D, L を用いて表せ。

(3) τ_0 を ρ, g, h_L, D, L を用いて表せ。

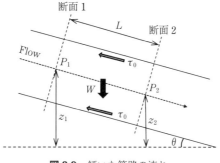

図 3.9 傾いた管路の流れ

3.2 図 3.10 のように水位差が H の二つの水槽 A と B が一定管径 d, 長さ L の管で結ばれている。以後この管を水平管と呼ぶ。水平管の途中には管径 d の分岐管が接続されている。水槽 A から水平管への流入流量を Q とする。なお分岐管内の流量は $Q/2$ となるように制御されている。水平管の摩擦損失係数を f, 水平管の入口から分岐点までの距離を s とする。水の密度を ρ, 重力加速度を g, エネルギー補正係数および運動量補正係数は 1 とする。このとき Q を π, d, f, g, s, H, L を用いて表し, Q と s の関係を考察せよ。ただし, 水槽の水面変化および形状損失は無視できるものとする。

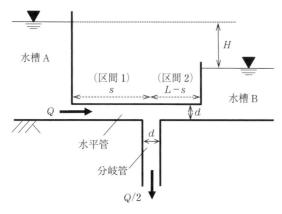

図 3.10 分岐管の排水

3.3 図 **3.11** のようなダムの放流管内の水圧を計算してみよう。排水管の管径を D，長さを L，摩擦損失係数を f，水平面に対する傾きを θ，管内流速を V とする。x 軸は管路の流軸に沿う座標で，排水管の入口を原点（$x=0$）とする。また排水管の入口は貯水池の水面下 H の深さに位置する。なお形状損失は入口損失のみ考えるものとして入口損失係数を K_e とする。水の密度を ρ，重力加速度を g，エネルギー補正係数を 1 とする。

(1) 貯水池の水面変化を無視できるものとして水面と排水管出口でベルヌーイ式を考えると，$H+L\sin\theta=\dfrac{V^2}{2g}+\Omega$ と書ける。Ω を f，g，D，L，V，K_e を用いて表せ。

(2) 管内の任意地点（$x=x'$）の水圧を P としてこの地点と水面でベルヌーイ式を立てよ。ただし ρ，θ，f，g，x'，D，H，P，V，K_e を用いよ。

(3) 以上の結果から，V を消去して管内の圧力水頭の分布を求めると，$\dfrac{P}{\rho g}$ $=\Gamma/(1+K_e+fL/D)\times(L-x')$ となる。Γ を θ，f，D，H，K_e を用いて表せ。

(4) $\sin\theta=0.4$，$D=1\,\mathrm{m}$，$H=20\,\mathrm{m}$，$L=10\,\mathrm{m}$，$K_e=0.1$，$f=0.01$ のとき，入口における圧力水頭（m）を計算せよ。また，キャビテーション発生基準の圧力水頭を $-8\,\mathrm{m}$ として，放水管入口でのキャビテーションの発生可能性を検討せよ。

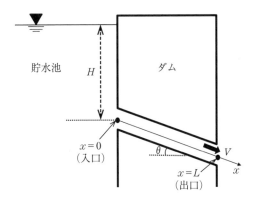

図 3.11 *ダムの放流*

3.4　図 **3.12** のように水槽よりポンプで水をくみ上げる管路システムを考える。水の密度を ρ，重力加速度を g とする。管 1 の A および B の位置をはさむように，バイパス管として管 2 を取り付けている。A–B 間の管 1 および管 2 の長さをそれぞれ L，$2L$ とする。管 1，2 の摩擦損失係数を f とする。これら 3 本の管は水平面上にある。さらに図のように管 1 の先には漸拡部と管 3 が接続する。漸拡部をはさんで水銀マノメータが取り付けられている。水銀の密度を ρ_{Hg}，マノメータの水銀柱の高さの差を Δy とする。これよりマノメータが接続する二つの断面における圧力水頭差は $\Delta y(\rho_{Hg} - \rho)/\rho$ であることがわかる。また管 1，2 の管径を D，管 3 の管径を $2D$ とする。管 1，2 の A–B 間の流量をそれぞれ Q_1（>0），Q_2（>0），管 3 の流量を Q_3（>0）とする。なおポンプによって水頭が ΔH 増える。形状損失は考えないものとする。またポンプの大きさは無視できるものとし，管内の流れの向きは図の矢印方向を正とする。

(1)　Q_3 を Q_1，Q_2 を用いて表せ。

(2)　ΔH を π，f，g，D，L，Q_1，Q_2 を用いて表せ。

(3)　Q_3 を π，ρ，ρ_{Hg}，g，D，Δy を用いて表せ。

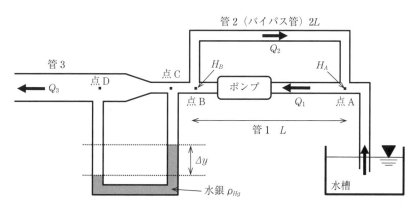

図 3.12　バイパス管付きポンプくみ上げシステム

3.5　図 3.13 のように排水用の円管がついた水深 h_1 の水槽を考える。管径は
一定で d_1 である。管の途中で 90° 折れ曲がり，出口のノズルで直径が d_1
から d_2 に減少する。なお水槽は管に比べて非常に大きく水位の低下は無
視できるものとする。またエネルギー損失は無視し，エネルギー補正係数
および運動量補正係数は 1 とする。水の密度を ρ，重力加速度を g とする。
以下，枠内を埋めよ。

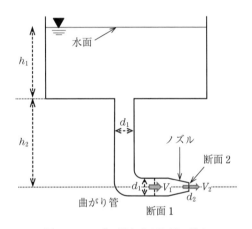

図 3.13　ノズル付き曲がり管の排水

断面 1 における流速を V_1 とすると，$V_1 = \boxed{(1)\ (g,\ d_1,\ d_2,\ h_1,\ h_2\ を用いて)}$
と表せる。また断面 1 の圧力を P_1 とすると，$\dfrac{P_1}{\rho g} = \boxed{(2)\ (d_1,\ d_2,\ h_1,\ h_2\ を}$
$\boxed{用いて)}$ と表せる。

　水流がノズルから受ける力の大きさを F とする。管内の流量を Q とすれ
ば，断面 1 および断面 2 間の運動量式は，$\boxed{(3)\ (\rho,\ \pi,\ d_1,\ V_1,\ V_2,\ F,\ Q,}$
$\boxed{P_1\ を用いて)}$ と表せる。

　これより　$F = \boxed{(4)\ (\rho,\ \pi,\ d_1,\ d_2\ を用いて)} \times \{d_1{}^2 g(h_1+h_2)(1+d_2{}^2/d_1{}^2)$
$- d_2{}^2 V_2{}^2\}$ と表される。

4章 開 水 路 流 れ

4.1 開水路流れとは

　自由水面をもち，重力で一方向に駆動する水路内の流れを**開水路流れ**（open-channel flow）と呼ぶ。最も身近な例は自然河川である。管路内の流れでも下水道のように自由水面をもてば開水路流れである。3章で扱った管路流れは管内が流体で満たされており，圧力勾配で駆動し，管内壁である境界面が固定されている。一方で開水路では，境界面の一つである水面は自由に動くので，水深は流況に応じて流下方向に変化する。これが開水路流れの扱いを難しくする。しかし水理学では，静水圧近似を用いて，圧力を水深で表すことで，未知変数の増加を防いでいる。

4.2 基 礎 方 程 式

4.2.1 開水路の連続式

　図 **4.1** に示す路床勾配が θ の定常な長方形断面をもつ開水路流れを考える。z_b は基準面から路床までの鉛直距離である。h は水深で路床からの垂直線の水面までの長さである。二つの検査面を単位時間当りに通過する質量フラックス，すなわち流量 Q は保存される。ここで密度が一定とすると，質量保存則に対応する連続式は管路と同様に次式となる。

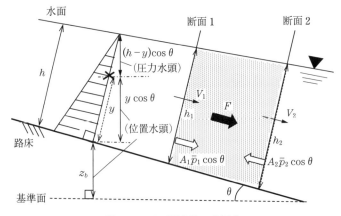

図 4.1 2次元開水路の座標系

$$Q = A_1 V_1 (= B h_1 V_1) = A_2 V_2 (= B h_2 V_2) \tag{4.1}$$

4.2.2 比エネルギーとエネルギー損失

　一般に路床抵抗によって流下とともに水流のエネルギーは損失する。断面1で路床からの高さ y_1 の点と断面2で高さ y_2 の点を通る流線を考える。断面1および断面2におけるこの流線上の圧力を，それぞれ $p_1(y_1)$ および $p_2(y_2)$ とする。エネルギー補正係数を α，2断面間の損失水頭を h_L として，この流線上のエネルギーの関係は，2.2.3項で示したベルヌーイの定理より次式で表せる。

$$\frac{\alpha V_1^2}{2g} + \frac{p_1(y_1)}{\rho g} + (y_1 \cos \theta + z_{b1}) = \frac{\alpha V_2^2}{2g} + \frac{p_2(y_2)}{\rho g} + (y_2 \cos \theta + z_{b2}) + h_L$$

$$\tag{4.2}$$

　両辺の第1項は速度水頭，第2項は圧力水頭，第3項は位置水頭である。一般に任意断面の流速は摩擦によって底面近傍ほど減少し一様ではない。α はその補正に用いるもので 1.0〜1.1 がよく使われる。ここで静水圧を仮定すると路床からの高さ y における圧力水頭は

$$\frac{p_1(y_1)}{\rho g} = (h_1 - y_1)\cos \theta, \qquad \frac{p_2(y_2)}{\rho g} = (h_2 - y_2)\cos \theta \tag{4.3}$$

となり，式(4.2) を整理すると

$$\frac{\alpha V_1^2}{2g} + h_1 \cos \theta + z_{b1} = \frac{\alpha V_2^2}{2g} + h_2 \cos \theta + z_{b2} + h_L \tag{4.4}$$

が得られる。開水路における単位距離当りのエネルギー損失率 i_f を，管路流れと同様にエネルギー勾配と呼び，次式で定義する。

$$i_f = \frac{dh_L}{dx} \tag{4.5}$$

式(4.4) を微分表示すると次式のようにまとめられる。

$$\frac{d}{dx}\left(\frac{\alpha V^2}{2g} + h \cos \theta + z_b\right) = -\frac{dh_L}{dx} = -i_f \tag{4.6}$$

路床を基準としたエネルギーを**比エネルギー**（specific energy）H_0 と呼び

$$H_0 \equiv \frac{\alpha V^2}{2g} + h \cos \theta \tag{4.7}$$

と定義する。また路床勾配 i_0 は次式で定義される。

$$i_0 \equiv -\frac{dz_b}{dx} = \sin \theta \tag{4.8}$$

式(4.7) と式(4.8) を式(4.6) に代入すると次式が得られる。

$$\frac{dH_0}{dx} = i_0 - i_f \tag{4.9}$$

　これより比エネルギーの変化は路床勾配とエネルギー勾配の和によって決まる。再記するが，比エネルギーは路床を基準面とした流体運動のエネルギーであり，開水路特有の水理量である。

4.2.3　比力と運動量保存則

　前項と同様に定常な長方形断面の 2 次元開水路流れの運動量式を考える。エネルギーと同様に補正係数を用いると任意断面を通過する単位時間・単位質量当りの水流の運動量は $\beta \rho Q v$ である。2 断面の運動量の変化はその区間に水流が受ける力の総和に等しいので外力の大きさを F，断面 1 と断面 2 の水深平均圧力をそれぞれ $\bar{p}_1$ および $\bar{p}_2$ として

$$\beta \rho Q v_2 - \beta \rho Q v_1 = A_1 \bar{p}_1 \cos \theta - A_2 \bar{p}_2 \cos \theta + F \tag{4.10}$$

となる。ここで静水圧分布を仮定し，式(1.2) を用いて圧力を水深に変換すれば

$$\beta \rho Q(V_2 - V_1) + \frac{1}{2}\rho g(h_2 A_2 - h_1 A_1)\cos \theta = F \tag{4.11}$$

となる。式(4.11) を単位重量 ρg で割って整理すると

$$\left(\frac{\beta Q V_2}{g} + \frac{1}{2}A_2 h_2 \cos \theta\right) - \left(\frac{\beta Q V_1}{g} + \frac{1}{2}A_1 h_1 \cos \theta\right) = \frac{F}{\rho g} \leftrightarrow M_2 - M_1 = \frac{F}{\rho g} \tag{4.12}$$

が得られる。ここで，$M_1 \equiv \dfrac{\beta Q V_1}{g} + \dfrac{1}{2}A_1 h_1 \cos \theta$, $M_2 \equiv \dfrac{\beta Q V_2}{g} + \dfrac{1}{2}A_2 h_2 \cos \theta$ で，

任意断面を通過する単位時間・単位重量当りの運動量と圧力の和を表すもの

で，**比力** (specific force) と呼ぶ。したがって，水流がある区間で外力を受けれ

ば比力が変化する。式(4.11) と式(4.12) が運動量式である。

例題 4.1　水平路床の開水路においてスルースゲートを設置すると，**図 4.2**
に示す流れが観察された。断面 1 の流速と水深を V, h, 断面 2 の水深は断面 2
の半分であった。このとき水流がスルースゲートから受ける力の大きさを求め
よ。エネルギー損失はなく，水路幅は一定とし，$\alpha = \beta = 1$ とする。また水の密
度を ρ, 重力加速度を g とする。

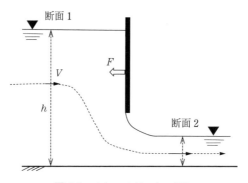

図 4.2　スルースゲートの流れ

【解答】 断面 2 の水深は $h/2$ で，連続式より流速は $2V$ となる。断面 1 と 2 の断面で静水圧を仮定すると，式(4.4) よりベルヌーイ式は，$\dfrac{V^2}{2g}+h=\dfrac{(2V)^2}{2g}+\dfrac{h}{2}$ と表せて，$V=\sqrt{\dfrac{gh}{3}}$ が得られる。F の向きに注意して，単位幅として運動量式を表すと，式(4.11) より $\rho Vh(2V-V)+\dfrac{1}{2}\rho g\left\{\left(\dfrac{h}{2}\right)^2-h^2\right\}=-F$ となる。以上より F の大きさは，$|F|=\dfrac{1}{24}\rho gh^2$ となる。　　　　　　　　◆

4.3　等　　　　流

4.3.1　等　流　と　は

　水深が流下方向に変化しない流れを**等流**（uniform flow）と呼ぶ。図 4.1 の断面 1 と 2 の水深が等しければ，連続式より流速も等しくなる。水面勾配と路床勾配は等しく，次式に示すように路床勾配がエネルギー勾配に一致する。

$$i_f=i_0=-\frac{dz_b}{dx} \tag{4.13}$$

式(4.9) より，$\dfrac{dH_0}{dx}=0$ となり，比エネルギーは流下方向に変化しない。等流を実現させるには非常に長い一様水路（幅，勾配，粗度が一定）が必要であり実河川では厳密な等流を観察するのは難しい。そこで局所的に等流とみなせる流れを**擬似等流**（quasi uniform flow）と呼び，近似的に式(4.13) を適用する。

4.3.2　抵抗則と流速公式

　開水路流れで重力と壁面摩擦が作用し，特に等流ではこれらがつり合う。運動量方程式より，管路の式(3.8) と同様に次式が得られる。

$$\tau_0=\rho gi_f R \tag{4.14}$$

さらに管路と同様にエネルギー勾配を用いた流速公式が，式(4.15) および
式(4.16) のように開水路でも適用できる。

$$\text{マニング式}：V=\frac{1}{n}R^{2/3}i_f^{1/2} \tag{4.15}$$

$$\text{シェジー式}：V=CR^{1/2}i_f^{1/2} \tag{4.16}$$

例題 4.2　式(4.14) を導出せよ。

【解答】　図 **4.3** のように水路勾配 θ の等流開水路の長さ L の領域を考える。壁
面摩擦は水路底面と側壁に作用するので，この領域に作用する全壁面摩擦力は
3.4 節で説明した潤辺 s を用いて τsL と書ける。一方で重力の流下方向成分は断
面積を A として $\rho gAL\sin\theta$ と書ける。等流ではエネルギー勾配＝路床勾配なの
で，$\rho gALi_f$ となる。これが全摩擦力とつり合うので，$\tau sL=\rho gALi_f$ となり，まと
めると，$\tau_0=\rho gi_f\dfrac{A}{s}=\rho gi_fR$ が導出される。　　　　　　　◆

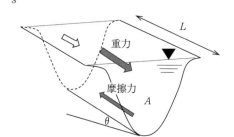

図 4.3　等流開水路に作用する力

例題 4.3　幅 8 m の長方形断面をもつ開水路の等流を観測したところ，流量
が 16 m³/s で，水深が 1 m，マニングの粗度係数は 0.04 m$^{-1/3}$s であった。この
とき水路勾配を算定せよ。

【解答】　流速は流量／断面積なので, 16/(8×1)＝2 m/s となる。径深は, (8×1)/
(8＋2×1)＝0.8 となりマニング式より，$i_f=n^2V^2R^{-4/3}$ となる。等流なのでエネル
ギー勾配と水路勾配は等しくなる。よって水路勾配は，$0.04^2×2^2×0.8^{-4/3}=8.6×$
10^{-3} と計算される。　　　　　　　◆

4.4　不等流 1　—漸変流と水面形—

4.4.1　水面形方程式

　水面の空間的な変化が比較的緩やかな流れ場を**漸変流**（gradually varied flow）と呼び，急激な水面変化をともなう**急変流**（rapidly varied flow）と区別している。路床勾配や流量に依存する流下方向の水深分布予測は，河川や水路の維持管理において重要である。漸変流では**水面形**（water surface profile）の分布を理論的に表せる。本節では 1 次元方向の水深変化を表す**水面形方程式**（gradually varied flow equation）を導出する。まず比エネルギーの定義式 (4.7) より

$$H_o = \frac{\alpha V^2}{2g} + h \cos\theta = \frac{\alpha Q^2}{2gA^2} + h \cos\theta \tag{4.17}$$

となる。断面積 A は x と h の関数であり，$\dfrac{dA}{dx} = \dfrac{\partial A}{\partial x} + \dfrac{\partial A}{\partial h}\dfrac{dh}{dx}$ に注意して式(4.17) を x で微分すると

$$\frac{dH_o}{dx} = \frac{\alpha Q}{gA^2}\frac{dQ}{dx} - \frac{\alpha Q^2}{gA^3}\frac{dA}{dx} + \frac{dh}{dx}\cos\theta = -\frac{\alpha Q^2}{gA^3}\left(\frac{\partial A}{\partial x} + \frac{\partial A}{\partial h}\frac{dh}{dx}\right) + \frac{dh}{dx}\cos\theta$$

$$= -\frac{\alpha Q^2}{gA^3}\left(\frac{\partial A}{\partial x}\right) - \frac{\alpha Q^2}{gA^3}\left(\frac{\partial A}{\partial h}\frac{dh}{dx}\right) + \frac{dh}{dx}\cos\theta$$

$$= -\frac{\alpha Q^2}{gA^3}\left(\frac{\partial A}{\partial x}\right) - \frac{dh}{dx}\left(\frac{\alpha Q^2}{gA^3}\frac{\partial A}{\partial h} - \cos\theta\right) \tag{4.18}$$

と計算できる。ここで式(4.9) より次式が得られる。

$$i_0 - i_f = -\frac{\alpha Q^2}{gA^3}\left(\frac{\partial A}{\partial x}\right) - \frac{dh}{dx}\left(\frac{\alpha Q^2}{gA^3}\frac{\partial A}{\partial h} - \cos\theta\right) \tag{4.19}$$

これより式(4.20) の水面形方程式が得られる。水理量が流下方向に比較的緩やかに変化する漸変流ではこの式によって流下方向の水面形状が計算できる。

$$\frac{dh}{dx} = \frac{i_0 - i_f + \dfrac{\alpha Q^2}{gA^3}\dfrac{\partial A}{\partial x}}{\cos\theta - \dfrac{\alpha Q^2}{gA^3}\dfrac{\partial A}{\partial h}} \tag{4.20}$$

4.4.2 等 流 水 深

流下方向に水深が変化しないとき，この水深を**等流水深**（normal depth）h_o と呼ぶ。水面形方程式 (4.20) の分子 $=0$ を満たす水深であり，もし A も流下方向に一定であれば，路床勾配 i_o とエネルギー勾配 i_f は等しくなる。つまり i_o, i_f, h_o の変化ラインが平行となる。

4.4.3 限 界 水 深

式(4.20) の分母 $=0$ を満たす水深を**限界水深**（critical depth）h_c と呼ぶ。長方形断面 $A=Bh$ のとき，$\cos\theta - \dfrac{\alpha Q^2}{g(Bh)^3}B = 0$ より

$$h_c = \left(\frac{\alpha Q^2}{gB^2\cos\theta}\right)^{1/3} \tag{4.21}$$

が得られる。路床勾配と水路幅が既知のとき，流量と限界水深には対応関係があることがわかる。これを利用して，堰などで意図的に限界水深を生じさせて流量を計測することができる。また限界水深発生時の比エネルギーより

$$H_o = \frac{\alpha V^2}{2g} + h_c\cos\theta = \frac{\alpha Q^2}{2g(Bh_c)^2} + h_c\cos\theta$$

$$= \frac{1}{2}\frac{h_c{}^3\cos\theta}{h_c{}^2} + h_c\cos\theta = \frac{3}{2}h_c\cos\theta \tag{4.22}$$

となる。よって次式のように比エネルギーと限界水深にも対応関係がある。

$$h_c = \frac{2H_o}{3\cos\theta} \tag{4.23}$$

4.4.4 常 流 と 射 流

式(4.17) より一定流量下かつ長方形断面の条件において $\alpha = 1$, $\cos\theta \approx 1$ とすると，比エネルギーと水深には次式の関係が得られる。

$$H_o = \frac{Q^2}{2gB^2h^2} + h \tag{4.24}$$

図4.4(a)は Q を一定として H_o と h の関係を図示したものである。Q を一定として 式(4.24) を水深で偏微分して極値を求めると，限界水深で比エネルギーが最小となる。また最小エネルギーを除いて，一つのエネルギー状態を考えたときに，限界水深をはさんでとり得る水深は2種類ある。限界水深より大きい水深をもつ流れを**常流**（subcritical flow）（Fr<1），小さい水深をもつ流れを**射流**（supercritical flow）（Fr>1） と定義して区別する。$Fr \equiv V\sqrt{gh}$ は**フルード数**（Froude number） と呼ばれる。常流では微小擾乱が上下流に双方向に伝わるが，射流では下流にしか伝わらない。水面を指などでつついて，波紋の伝搬を目視すれば，常流と射流の判別ができる。

図(b)は H_o を一定として Q と h の関係を図示したものである。H_o を一定として 式(4.24) を水深で偏微分して極値を求めると，限界水深で流量が最大となる。

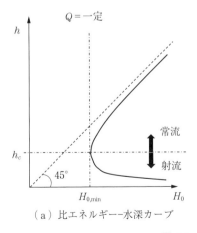

（ a ）比エネルギー–水深カーブ

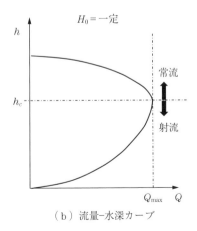

（ b ）流量–水深カーブ

図4.4 常流と射流

4.4.5 限界水深と水面形の分類

河川のような広幅 $(B \gg h)$ の長方形断面の開水路を考えると，$\partial A/\partial x \approx 0$ である。また路床勾配を $i_0 = \sin \theta$ と表すと式(4.20) は

$$\frac{dh}{dx} = \frac{\sin \theta - i_f}{\cos \theta - \dfrac{q^2}{gh^3}} \tag{4.25}$$

となる。エネルギー勾配 i_f は，マニング式を用いて次式で与えられる。

$$i_f = \frac{n^2}{h^{4/3}} \left(\frac{q}{h} \right)^2 \tag{4.26}$$

ここで $q = Q/B$ は**単位幅流量** （unit-width discharge） である。つぎに式(4.25) の分子 $= 0$ を満たす水深は等流水深であるから $\sin \theta = n^2 q^2/h_0^{10/3}$，同様に分母 $= 0$ を満たす水深は限界水深であるから $\cos \theta = q^2/gh_c^3$ となる。したがって $\sin \theta \approx \tan \theta$ として式(4.25) を書き直すと次式となる。

$$\frac{dh}{dx} = i_0 \frac{1 - \left(\dfrac{h_o}{h} \right)^{10/3}}{1 - \left(\dfrac{h_c}{h} \right)^3} \tag{4.27}$$

$h = h_0 = h_c$ となる水路勾配 θ_c を**限界勾配**（critical slope）と呼び，次式で表せる。

$$\tan \theta_c = \frac{gn^2}{h_c^{1/3}} \tag{4.28}$$

θ_c を基準として，実際の路床勾配 θ の大きさによって水路はつぎのように分類される。

a) **急勾配水路** （steep slope channel） $(\theta > \theta_c)$

　$\sin \theta = n^2 q^2/h_0^{10/3} > \sin \theta_c = n^2 q^2/h_c^{10/3}$ となるので，$h_c > h_0$ の関係が得られる。

b) **緩勾配水路** （mild slope channel） $(\theta < \theta_c)$

　$\sin \theta = n^2 q^2/h_0^{10/3} < \sin \theta_c = n^2 q^2/h_c^{10/3}$ となるので，$h_c < h_0$ の関係が得られる。

このように限界勾配を境に，路床勾配によって限界水深と等流水深の大小が逆

転する。この関係と式(4.27) より，広幅長方形断面の開水路流れの定性的な水面形は**図 4.5** のようになる。h_c と h_0 によって水深方向に三つの領域 ①～③ に分けられる。緩勾配水路の領域 ① および ②（M_1 および M_2 ライン）と急勾配水路の領域 ①（S_1 ライン）は $h>h_c$ なので常流，緩勾配水路の領域 ③（M_3 ライン）と急勾配水路の領域 ② および ③（S_2 および S_3 ライン）は $h<h_c$ なので射流である。射流は微小擾乱が下流にしか伝わらないことに対して，常流では上下流の双方向に伝搬する。矢印はこの特性を表しており，境界点を出発点と

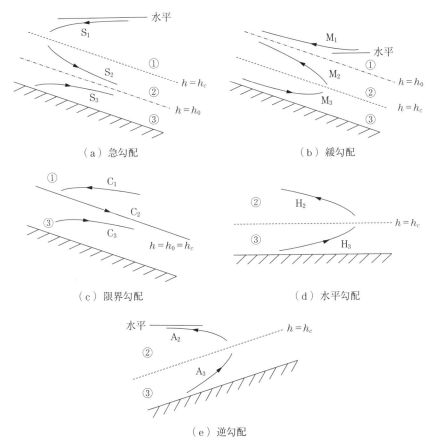

（a）急勾配　　　　　　　　　　　　　（b）緩勾配

（c）限界勾配　　　　　　　　　　　　（d）水平勾配

（e）逆勾配

（S は steep，M は mild，C は critical，H は horizontal，A は adverse の略）

図 4.5　水路勾配による水面形状の分類

した式(4.27) の計算は，一般にこの向きに行う。

またつぎの三つの特殊ケースもある。

c) **限界勾配水路**（critical slope channel）（$\theta = \theta_c$）

d) **水平勾配水路**（horizontal bed channel）（$\theta = 0$）

e) **逆勾配水路**（adverse slope channel）（$\theta < 0$）

（水面形の描画法）

一般の河道では，勾配が異なる区間が接続している。このような場合，つぎの手順で描くとよい。

1) 限界水深 h_c のラインを全区間で引く。h_c は Q に依存するので，全区間で h_c のラインは連続する。

2) 等流水深 h_0 のラインを，図 4.5 を参照して，h_c との大小関係に注意して引く。

3) 境界条件に注意して，図 4.5 を参照しながら水面形を描く。

例題 4.4　**図 4.6** のように緩勾配区間から急勾配区間に接続する水路がある。図中の×印を水面の境界条件とするとき，水面形を描け。

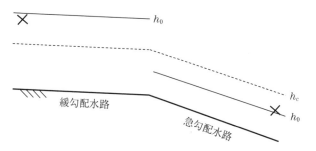

図 4.6　緩勾配から急勾配に遷移する水路

【解答】　境界条件より緩勾配では M_2，急勾配では S_2 ラインを選択する。したがって，緩勾配区間では常流（$h > h_c$），急勾配区間では射流（$h < h_c$）となる。これらの接続領域で水深は限界水深となり**図 4.7** に示す水面形が描ける。

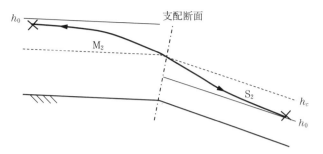

図 4.7 緩勾配と急勾配の接続区間の水面形と支配断面

　限界水深が生じる勾配遷移断面を**支配断面**（control section）と呼ぶ。支配断面
では，式(4.21) より限界水深から流量が算定できる。　　　　　　　　　　◆

4.5　不等流 2　—急変流と跳水—

　水位の局所変化が大きい急変流では，1 次元解析を基本とする水面形方程式
の適用が困難な場合があり，個々に現象を考える必要がある。特に**跳水**
（hydraulic jump）はエネルギーを大きく損失するため重要な現象の一つである
（**図 4.8**）。射流から常流に遷移する際に生じる跳水は，見た目にダイナミック
で 3 次元的なさまざまなスケールの渦運動を伴う複雑な流れであるが，エネル
ギー損失水頭を水深情報のみで表せる。

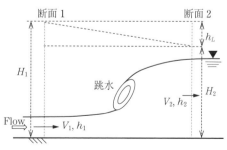

図 4.8　実験水路の跳水（左）と解析座標系（右）

簡単にするため水平路床の跳水を考える。跳水上流側およびと下流側におの
おのの検査面 1 および 2 をとる。底面摩擦を無視すると 2 断間における運動量式
は

$$\left(\beta\rho QV_2 + \frac{1}{2}\rho g h_2{}^2 B\right) - \left(\beta\rho QV_1 + \frac{1}{2}\rho g h_1{}^2 B\right) = 0$$

$$\leftrightarrow \quad \frac{Q^2}{gB^2 h_1{}^3}\left(\frac{1}{h_1} - \frac{1}{h_2}\right) = \frac{1}{2h_1}\left(\frac{h_2{}^2}{h_1{}^2} - 1\right) \tag{4.29}$$

となる。ここでフルード数を用いて$\dfrac{Q^2}{gB^2 h_1{}^3} = \dfrac{V_1{}^2}{gh_1} = \mathrm{Fr}_1{}^2$ のように表すと，　次式
が得られる。

$$\mathrm{Fr}_1{}^2\left(1 - \frac{h_1}{h_2}\right) = \frac{1}{2}\left(\frac{h_2{}^2}{h_1{}^2} - 1\right) \tag{4.30}$$

さらに $x = \dfrac{h_2}{h_1}$ とおくと，　式(4.30) は次式のように x の 2 次方程式となる。

$$x^2 + x - 2\mathrm{Fr}_1{}^2 = 0 \tag{4.31}$$

$x > 0$ であることに注意して解くと，　跳水をはさむ二つの水深比が得られる。

$$x = \frac{h_2}{h_1} = \frac{-1 + \sqrt{1 + 8\mathrm{Fr}_1{}^2}}{2} \tag{4.32}$$

これを共役水深関係と呼び，　フルード数のみによって決まることがわかる。
　つぎに 2 断面間の損失水頭 h_L は，ベルヌーイ式より

$$h_L = \left(\frac{V_1{}^2}{2g} + h_1\right) - \left(\frac{V_2{}^2}{2g} + h_2\right)$$

$$= \left(\frac{1}{2g}\left(\frac{Q}{A_1}\right)^2 + h_1\right) - \left(\frac{1}{2g}\left(\frac{Q}{A_2}\right)^2 + h_2\right) = \left(\frac{1}{2g}\frac{Q^2}{B^2 h_1{}^2} + h_1\right) - \left(\frac{1}{2g}\frac{Q^2}{B^2 h_2{}^2} + h_2\right)$$

$$= \frac{Q^2}{2gB^2}\left(\frac{1}{h_1{}^2} - \frac{1}{h_2{}^2}\right) + (h_1 - h_2) \tag{4.33}$$

となる。ここで式(4.29) より

$$\frac{Q^2}{gB^2} = \frac{h_1 h_2 (h_1 + h_2)}{2} \tag{4.34}$$

となり，これを式(4.33)に代入すると次式が得られる。

$$h_L = \frac{h_1 h_2 (h_1 + h_2)}{4}\left(\frac{1}{h_1^{\,2}} - \frac{1}{h_2^{\,2}}\right) + (h_1 - h_2)$$

$$= \frac{(h_2 - h_1)(h_1^{\,2} - 2h_1 h_2 + h_2^{\,2})}{4 h_1 h_2} \;\leftrightarrow\; h_L = \frac{(h_2 - h_1)^3}{4 h_1 h_2} \tag{4.35}$$

このように跳水の損失水頭は前後の水深のみで表される。また一方の水深とフルード数がわかれば，式(4.32)より残りの水深が得られて損失水頭が計算できる。

例題 4.5 図 4.8 の跳水において，$\mathrm{Fr}_1 = 1.1$，$V_1 = 1.0\,\mathrm{m/s}$ であった。跳水による損失水頭を計算せよ。$\alpha = 1$，$g = 9.8\,\mathrm{m/s^2}$ とする。

【解答】 $h_1 = \dfrac{V_1^{\,2}}{g\mathrm{Fr}_1^{\,2}}$ より $h_1 \cong 0.084\,33\,\mathrm{m}$ となる。式(4.32)の共役水深関係より，

$h_2 = h_1 \times \dfrac{-1 + \sqrt{1 + 8\mathrm{Fr}_1^{\,2}}}{2} \cong 0.095\,63\,\mathrm{m}$ となる。式(4.35)より，損失水頭は $h_L =$

$\dfrac{(h_2 - h_1)^3}{4 h_1 h_2} \cong 4.475 \times 10^{-5}\,\mathrm{m}$ と計算される。　　　　　◆

例題 4.6 図 4.9 のように水平勾配の水路上に堰がある。上流側は射流であるが，堰を越流する流れは常流である。堰の上流で跳水が観察された。水面形を描け。

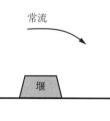

図 4.9 堰がある水平水路

【解答】　水平勾配なので，図 4.5 (d) を使う。限界水深のラインを引く。このとき堰の高さとの大小関係は考える必要はない（特に問題の条件として与えられていないため）。

跳水をはさんで上流側は射流なので H_3 カーブを描き，下流側は H_2 曲線を描くと**図 4.10** のようになる。　　　　　　　　　　　　　　　　　　◆

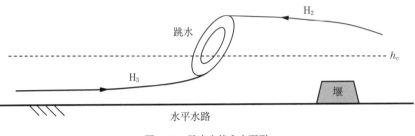

図 4.10　跳水を伴う水面形

演 習 問 題

4.1　図 4.11 の三角形断面の開水路に流量 0.1 m³/s の水が等流状態で流れている。マニングの粗度係数を 0.03 m⁻¹ᐟ³s とするとき，摩擦速度を求めよ。

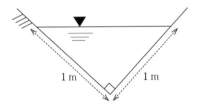

図 4.11　三角形断面の開水路

4.2　一様断面水路において微小な勾配を考える場合，水面形方程式は

$$\frac{dh}{dx} = i\,\frac{1 - (n^2 Q^2)/(R^{4/3} A^2 i)}{1 - \dfrac{\partial A}{\partial h}\cdot(\alpha Q^2)/(gA^3)}$$

と書ける。以下，枠内を埋めよ。広い幅の長方形断面水路（幅を B とす

る）の場合，この式より限界水深は $h_c=$ ①（α, g, B, Q を用いて）と書ける。抵抗則にマニング式を用いて $R=h$ とすれば $dh/dx=i$ ②（h, h_0, h_c を用いて）と書ける。緩勾配水路では h が h_0 よりも大きければ dh/dx ③$>$, $=$, $<$ 0 となる。

4.3 図 **4.12** のように，広頂堰を越流し跳水が発生する開水路流れを考える。水路幅は流下方向に一定で，エネルギー補正係数および運動量補正係数はいずれも 1 とする。ρ は水の密度，g は重力加速度，q は単位幅流量である。また広頂堰のスロープ部分以外の勾配は 0 である。以下，枠内を埋めよ。広頂堰区間の断面 1 の水深を h_1 とすると，ここにおける流速 V_1 は ①（h_1, q を用いて）と表せる。また断面 1 における比エネルギーは，②（g, h_1, q を用いて）と表せる。なお断面 1 の水深は限界水深である。このとき，$h_1=$ ③（g, q を用いて）となる。したがって広頂堰上の水深を計測すれば流量が算定できる。

つぎに跳水に注目する。断面 2 と断面 3 における運動量式は

④（ρ, g, h_2, q を用いて）$=$ ⑤（ρ, g, h_3, q を用いて）

となる。これを整理すると

⑥（g, q を用いて）$\times (h_3^{-1}-h_2^{-1})=(h_2{}^2-h_3{}^2)/2$

となる。さらに $\mathrm{Fr}_2=V_2/\sqrt{gh_2}$ を用いて h_3/h_2 について解くと

$h_3/h_2=$ ⑦（Fr_2 を用いて）

となる。

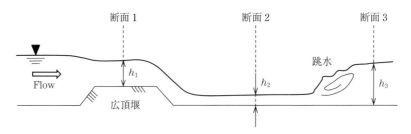

図 4.12 堰の越流と跳水

5章　次元解析・相似則

5.1　次　元　解　析

　流れ場の定量的な特徴を見出すために，実験ケースを系統的に変化させて数多くの実験を実施することがある。例えば，開水路等流の流速分布の計測を考えてみよう。完全流体と異なり，粘性をもつ水流では底面で流速が0となり水面に向かって増加する。横軸に底面からの鉛直距離，縦軸に流速の計測値をプロットすると，**図 5.1**(a)のように水理条件ごとに異なる曲線が得られる。これは縦横軸ともに次元（単位）をもつ量をプロットしたためである。水理条件に依存しない普遍的な曲線が見つかれば，実験を行わなくても注目する流れ場の流速分布が予測できて大変便利である。鉛直距離，流速ともに代表スケールで規格化すると単位のない無次元量になる。ここでそれぞれ，水深と水面の流

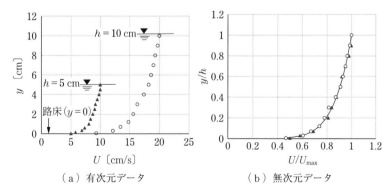

（a）有次元データ　　　　　　（b）無次元データ

図 5.1　開水路流れの流速分布

速がわかっているものとして無次元すると，図（ b ）のように，異なる水理条件
でも 1 本の曲線にフィットすることがわかる。

このように注目する現象を適切に把握するため，現象を支配する物理量間の
関係を整理することを**次元解析**（dimensional analysis）と呼び，おもにつぎの
二つの方法がよく使われる。

5.1.1　レイリーの方法

対象とする水理現象が，$n+1$ 個の物理量（流速や管径など）$K_0 \sim K_n$ に支配
されるとする。次式のように，その一つが他の物理量のべき指数の積で表せる
と仮定する。

$$K_0 = K_1^{a_1} \cdot K_2^{a_2} \cdots K_n^{a_n} \tag{5.1}$$

水理学では M（質量），L（長さ），T（時間）の三つを基本単位と考える。左
辺と右辺の単位は同じになるはずで，これを満たす指数 $a_1 \sim a_n$ を計算する。こ
のとき，独立する M，L，T それぞれの単位について両辺を比較する。

例えば，静水における球の沈降速度 U を考える。この現象は水の粘性係数
μ，重力加速度 g，球の直径 D，球と水の密度差 $\Delta\rho$ に依存するとして，沈降速
度を $U \propto \mu^{a_1} g^{a_2} D^{a_3} \Delta\rho^{a_4}$ と表してみる。U の単位は〔長さ〕／〔時間〕なので M，
L，T を用いて $M^0 L^1 T^{-1}$ と表せる。同様に μ は $M^1 L^{-1} T^{-1}$，g は $M^0 L^1 T^{-2}$，D は
$M^0 L^1 T^0$，$\Delta\rho$ は $M^1 L^{-3} T^0$ と表せるので両辺のべき指数を基本単位ごとに比較す
ると

$$M : 0 = 1 \times a_1 + 0 \times a_2 + 0 \times a_3 + 1 \times a_4$$
$$L : 1 = -1 \times a_1 + 1 \times a_2 + 1 \times a_3 - 3 \times a_4$$
$$T : -1 = -1 \times a_1 - 2 \times a_2 + 0 \times a_3 + 0 \times a_4$$

となる。これを解くと $a_1 = -a_4$，$a_2 = a_4/2 + 1/2$，$a_3 = 3a_4/2 + 1/2$ が得られる。

ここで $a_4 = 1$ のときが実験値に合うとすれば，$U \propto \mu^{-1} g^1 D^2 \Delta\rho^1$ となる。比例
定数を $1/18$ とすれば，**ストークス式**（Stokes' law）$U = \mu^{-1} g^1 D^2 \Delta\rho^1 / 18$ に一致
する。

このようにあらかじめ物理量間の関係性がわかっていれば，実験データを要

領よく整理でき，実験公式の発見につながる。

　上でみたように方程式数は基本単位数に対応し最大三つである。一方で変数物理量の数 n が方程式数より多い場合はいくつかのべき指数は未定となる。したがって過多の物理量が関わる現象では，**レイリーの方法**（Rayleigh's method）は次元解析に適さない。

　密度，質量，速度の単位は使い慣れているが，力や粘性係数の単位はなじみがうすい。力は質量×加速度なので，MLT^{-2}，粘性係数 μ は $ML^{-1}T^{-1}$，ついでに 3.3.2 項で説明したレイノルズ数（以降，Re はレイノルズ数を表す）に関わる動粘性係数 ν は粘性係数 μ を密度 ρ で割ったものと定義され L^2T^{-1} と表せる。

　例題 5.1　レイノルズ数が，レイリーの方法によってどのような関数形で表せるか考察せよ。ただし，レイノルズ数は慣性力と粘性力の比で，水の密度 ρ，粘性係数 μ，代表流速 U，代表長さ L によって決まるとする。

　【解答】　$Re \propto \rho^{a_1} \mu^{a_2} U^{a_3} L^{a_4}$ とおく。基本単位 M（質量），L（長さ），T（時間）について，上式のべき指数を比較する。ここで，各変数の単位を考えると

$$\rho \quad \rightarrow \quad M:1, \ L:-3, \ T:0$$
$$\mu \quad \rightarrow \quad M:1, \ L:-1, \ T:-1$$
$$U \quad \rightarrow \quad M:0, \ L:1, \ T:-1$$
$$L \quad \rightarrow \quad M:0, \ L:1, \ T:0$$

となる。よって

$$M:0 = a_1 + a_2$$
$$L:0 = -3a_1 - a_2 + a_3 + a_4$$
$$T:0 = -a_2 - a_3$$

となり，これを解いて

$$a_2 = -a_1$$
$$a_3 = a_1$$
$$a_4 = 3a_1 + a_2 - a_3 = a_1$$

が得られる。したがって，$Re \propto \rho^{a_1} \mu^{-a_1} U^{a_1} L^{a_1} = \{UL/(\mu/\rho)\}^{a_1} = (UL/\nu)^{a_1}$ となる。次元解析ではここまでしかわからないが，比例係数を 1，$a_1 = 1$ とすればレイノルズ数の定義と一致する。なお $\nu = \mu/\rho$ は動粘性係数である。　◆

5.1.2　バッキンガムの π 定理

バッキンガムの π 定理（Buckingham's Pi theorem）とは，ある現象を支配する複数の無次元数を求めるのに便利な定理である。現象と関わる物理量が n 個あり，そのうち独立する物理量が k 個ある場合，ある関数で関係づけられる p $=n-k$ 個の無次元数が存在する。具体例として 5 個（$n=5$）の物理量 K_1〜K_5 を考えて手順を示す。

（**ステップ 1**）基本変数の選定：すべての物理量の単位について**表 5.1** のような**次元行列**（dimensional matrix）を作る。

この次元行列の Rank を計算する。Rank は線形代数で学ぶように独立する列要素の最大数が k であることを示す。この例の場合，Rank＝3 なので k＝3 とな

表 5.1　次元行列の一例

	K_1	K_2	K_3	K_4	K_5
M	1	0	0	0	0
L	-3	2	1	1	2
T	0	-1	-1	-2	0

る。物理量 K_1〜K_5 より 1 次独立な 3 個の変数を選ぶ。これを基本変数と呼ぶ。ここでは例として K_1, K_2, K_3 を選ぶ。

（**ステップ 2**）無次元数の数の算定：$p=n-k=5-3=2$ より 2 個の無次元数が存在する。ここで五つの物理量のうち基本変数以外の K_4, K_5 を従属変数と呼ぶ。無次元数は k 個の無次元数のべき乗の積に従属変数をかけてつぎのように表す。

$$\Pi_1 = K_1^{a_1}K_2^{b_1}K_3^{c_1} \times K_4^{1}$$

$$\Pi_2 = K_1^{a_2}K_2^{b_2}K_3^{c_2} \times K_5^{1}$$

レイリーの方法と同様に，両辺の次元が一致するべき指数を計算すれば二つの無次元数が得られる。これらはある関数 $F(\Pi_1,\ \Pi_2)=0$ で関係づけられる。

例題 5.2　境界層の流速分布は，水の密度 ρ，動粘性係数 ν，摩擦速度 U_*，壁面からの高さ y，y における流速 U によって支配されるとする。バッキンガムの π 定理によって，二つの無次元数 yU_*/ν と U/U_* が得られることを示せ。（ヒント）独立変数として ρ, ν, U_* を選び，従属変数のべき指数は 1 とする。

【解答】　次元行列は**表5.2**のようになる。

Rank は3なので五つの変数のうち最大3変数が1次独立となる。ここで，基本変数として ρ, ν, U_* を選ぶ。つぎに，ρ, ν, U_* の三つが独立か確認する。

<table>
<tr><th colspan="6" align="center">表5.2</th></tr>
<tr><td></td><td>ν</td><td>ρ</td><td>U_*</td><td>U</td><td>y</td></tr>
<tr><td>M</td><td>0</td><td>1</td><td>0</td><td>0</td><td>0</td></tr>
<tr><td>L</td><td>2</td><td>-3</td><td>1</td><td>1</td><td>1</td></tr>
<tr><td>T</td><td>-1</td><td>0</td><td>-1</td><td>-1</td><td>0</td></tr>
</table>

表5.3

	ν	ρ	U_*
M	0	1	0
L	2	-3	1
T	-1	0	-1

表5.3 の 3×3 正方行列の行列式を計算すると $1\neq0$ なので確かに1次独立である。無次元数の数は $5-3=2$ 個で，従属変数として U と y を選ぶと無次元数はつぎのように書ける。

$$\Pi_1 = \nu^{a_1}\rho^{b_1}U_*^{c_1}U^1$$
$$\Pi_2 = \nu^{a_2}\rho^{b_2}U_*^{c_2}y^1$$

ここで従属変数のべき指数は1とした。Π_1 について各基本単位量のべき指数の和は0になるから

M：$b_1 = 0$
L：$2a_1 - 3b_1 + c_1 + 1 = 0$
T：$-a_1 - c_1 - 1 = 0$

の連立方程式が得られる。これを解いて $a_1 = 0$, $b_1 = 0$, $c_1 = -1$ となる。

よって $\Pi_1 = U/U_*$ と表せる。Π_2 についても同様に

M：$b_2 = 0$
L：$2a_2 - 3b_2 + c_2 + 1 = 0$
T：$-a_2 - c_2 = 0$

の連立方程式が得られる。これを解いて $a_2 = -1$, $b_2 = 0$, $c_2 = 1$ となり，$\Pi_2 = yU_*/\nu$ と表せる。このように二つの無次元数が得られる。

これらはある関数 F によって $\Pi_1 = F(\Pi_2)$ のように関係づけられる。実際に $U^+ = \Pi_1$, $y^+ = \Pi_2$ とすれば，これは式(13.11) の対数則 $U^+ = \dfrac{1}{\kappa}\ln y^+ + A$ に対応する。　◆

5.2 相　　似　　則

　一般に水理実験で想定するのは，河川や海岸にみられる自然現象であり，模型と実現象（実物）のスケールギャップが大きい。そのため実験結果を用いた実現象の説明においては，注目する流れ場の運動特性や力学特性がスケール差の影響を受けないことが前提となる。

　模型と実物がつぎの**幾何学的相似**（geometric similarity），**運動学的相似**（kinematic similarity），**力学的相似**（dynamic similarity）を満たすとき，完全な相似が成立する。

5.2.1　実物と模型の相似

　例として**図 5.2**に示す幅B_pの実河川に設置された径D_pの橋脚周りの水理現象を考える。橋脚の直上流の流速を実測するとV_{1p}，直下流の流速はV_{2p}であった。また橋脚が流れから受ける力の大きさはF_pであった。添字pは実物（prototype）を指す。この現象を水理実験するための模型を考える。添字mは模型（model）を表す。

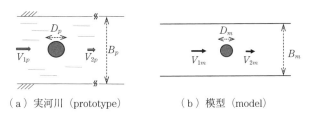

（ａ）実河川（prototype）　　　　（ｂ）模型（model）

図 5.2　橋脚周辺の流れ

〔1〕幾何学的相似

　模型と実験の相応する場所における注目する長さの比が，あらゆる場所で一定であるとき，幾何学的相似が成立する。実物を歪ませずに縮小させたプラモデルやミニカーがわかりやすい事例である。実物対象を変形，歪曲させたいわゆるデフォルメモデルは，幾何学的相似を満たさない。図 5.2 で，川幅と橋脚

幅それぞれの実物と模型の長さの比は等しく，$B_p/B_m = D_p/D_m$ となる。より一般的な表記として，l を代表的な長さスケールとすると次式となる。

$$l_p/l_m = \text{constant} \tag{5.2}$$

〔2〕運動学的相似

模型と実験の相応する場所における注目する速度の比が，あらゆる場所で一定であるとき，運動学的相似が成立する。幾何学的相似と異なり，視覚的には確かめにくい。図 5.2 で，実物，模型それぞれの流速値が得られていれば，橋脚の上流と下流におけるそれぞれの実物と模型の速度の比は等しく，$V_{1p}/V_{1m} = V_{2p}/V_{2m}$ となる。V を代表的な速度スケールとすると次式となる。

$$V_p/V_m = \text{constant} \tag{5.3}$$

〔3〕力学的相似

幾何学的相似と運動学的相似が成立し，模型と実験の相応する場所における注目する力の比があらゆる場所で一定であるとき，力学的相似が成立する。水流もニュートンの第 2 法則に従って運動する。式(5.4) のように質量 m の微小な流体要素に外力 F が作用するとき，加速度 α が生じる。

$$m\alpha = F \tag{5.4}$$

式(5.4) の左辺が慣性力で，これが外力に等しいことを意味する。水理現象では，外力として重力，粘性力，表面張力，弾性力，圧力が考えられる。つまり，慣性力＝重力＋粘性力＋表面張力＋弾性力＋圧力　と表せる。両辺を慣性力で割ると

$$1 = (重力／慣性力) + (粘性力／慣性力) + (表面張力／慣性力)$$
$$+ (弾性力／慣性力) + (圧力／慣性力) \tag{5.5}$$

となる。式(5.5) の右辺は各外力に対する慣性力の比で，右辺第 1 項〜4 項はそれぞれ，**フルード数**（Froude number），**レイノルズ数**（Reynolds number），**ウェーバー数**（Weber number），**マッハ数**（Mach number）に対応する無次元量である。これら四つの無次元数すべてが，模型と実物で一致すれば，自動的に右辺第 5 項の圧力と慣性力の比も一致する。このとき慣性力に対する外力の比が模型と実物で一致することになり，力学的相似が成立する。

5.2.2　水理学でよく使う無次元数

　一般に水理学で対象とする現象では，表面張力と弾性力の影響は小さいものとして無視される。

　ここでフルード数とレイノルズ数に注目してみよう。まず密度を ρ，粘性係数を μ，代表長さを l，代表速度を V，代表時間を l/V とすると

　　　慣性力 = 質量×加速度 = $\rho l^3 \times V/(l/V) = \rho l^2 V^2$

　　　重力 = 質量×重力加速度 = $\rho l^3 g$

　　　粘性力 = せん断応力×作用面積 = $\mu(V/l) \times l^2 = \mu l V$

と表せる。なお，**せん断応力**（shear stress）は**ニュートンの粘性法則**（Newton's low of viscosity）より流速勾配に比例し，その比例係数が粘性係数である（$\tau = \mu \partial V / \partial y$）。

　これらの表記より，(重力／慣性力) = $(\rho l^3 g)/(\rho l^2 V^2) = gl/V^2 = \mathrm{Fr}^{-2}$ となり，この逆数の平方根はフルード数となる。また (粘性力／慣性力) = $(\mu l V)/(\rho l^2 V^2) = (\mu/\rho)/(Vl) = \nu/(Vl) = \mathrm{Re}^{-1}$ となり，この逆数はレイノルズ数となる。なお $\nu \equiv \mu/\rho$ は動粘性係数である。

　上述のように力学的相似則を考慮すれば，模型と実物でフルード数とレイノルズ数の両方が一致することが望ましい。しかしながら，これらを同時に満たすことは一般に難しく，現象の特性からどちらかを選択する。

　水面波など重力の影響が重要となる現象ではフルード数を合わせる**フルード相似則**（Froude similarity）を優先する。フルード数が模型と実物で同じならば

$$V_m/\sqrt{g_m l_m} = V_p/\sqrt{g_p l_p} \tag{5.6}$$

となり，重力加速度は模型と実物どちらも g（$=g_m=g_p$）と等しいので

$$V_m/\sqrt{l_m} = V_p/\sqrt{l_p} \tag{5.7}$$

となる。この関係を使って，速度，流量，流体力，時間の縮尺を，長さの縮尺 $l_r = l_m/l_p$ を用いてつぎのように表す。

　　　速度の縮尺：$V_r = \dfrac{V_m}{V_p} = \left(\dfrac{l_m}{l_p}\right)^{1/2} = l_r^{1/2}$

流量の縮尺：$Q_r = \dfrac{Q_m}{Q_p} = \dfrac{V_m A_m}{V_p A_p} = \dfrac{V_m l_m{}^2}{V_p l_p{}^2} = l_r{}^{1/2} \times l_r{}^2 = l_r{}^{5/2}$

時間の縮尺：$t_r = \dfrac{t_m}{t_p} = \dfrac{l_m V_m{}^{-1}}{l_p V_p{}^{-1}} = l_r \times V_r{}^{-1} = l_r \times l_r{}^{-1/2} = l_r{}^{1/2}$

流体力の縮尺：$F_r = \dfrac{F_m}{F_p} = \dfrac{M_m \alpha_m}{M_p \alpha_p} = \dfrac{\rho_m l_m{}^3}{\rho_p l_p{}^3} \dfrac{V_m t_m{}^{-1}}{V_p t_p{}^{-1}}$

$$= \dfrac{\rho_m}{\rho_p} \times l_r{}^3 \times l_r{}^{1/2} \times (l_r{}^{1/2})^{-1} = \rho_r l_r{}^3$$

これらの結果からわかるように，流速や流体力などの水理量の縮尺は単純に長さの縮尺には一致しない。例えば 1/100 の精巧な河川模型を作って，フルード相似則の下で実験する場合，模型の流速は実物の $1/100 = 0.01$ 倍ではなく，$(1/100)^{1/2} = 0.1$ 倍と 1 オーダー大きくなる。また周期 1 時間の洪水流を同じ模型で実験する際には，模型スケールでの周期は $(1/100)^{1/2} \times 1 = 0.1$ 時間 = 6 分となる。

同様に**レイノルズ相似則**（Reynolds similarity）を成立させるためには，次式のようにレイノルズ数を模型と実物で一致する必要がある。

$$V_m l_m / \nu_m = V_p l_p / \nu_p \tag{5.8}$$

この関係より

速度の縮尺：$V_r = \dfrac{V_m}{V_p} = \dfrac{l_p}{l_m} \dfrac{\nu_m}{\nu_p} = \nu_r l_r{}^{-1}$

流量の縮尺：$Q_r = \dfrac{Q_m}{Q_p} = \dfrac{V_m A_m}{V_p A_p} = \dfrac{V_m l_m{}^2}{V_p l_p{}^2} = \nu_r l_r{}^{-1} \times l_r{}^2 = \nu_r l_r$

時間の縮尺：$t_r = \dfrac{t_m}{t_p} = \dfrac{l_m V_m{}^{-1}}{l_p V_p{}^{-1}} = l_r \times V_r{}^{-1} = l_r \times \nu_r{}^{-1} l_r = \nu_r{}^{-1} l_r{}^2$

流体力の縮尺：$F_r = \dfrac{F_m}{F_p} = \dfrac{M_m \alpha_m}{M_p \alpha_p} = \dfrac{\rho_m l_m{}^3}{\rho_p l_p{}^3} \dfrac{V_m t_m{}^{-1}}{V_p t_p{}^{-1}}$

$$= \dfrac{\rho_m}{\rho_p} \times l_r{}^3 \times \nu_r l_r{}^{-1} \times (\nu_r{}^{-1} l_r{}^2)^{-1} = \rho_r \nu_r{}^2$$

が得られる。もし模型と実験の流体の密度と動粘性係数がそれぞれ同じであれば長さの縮尺によらず，流体力は模型と実験で一致する。

例題 5.3 水路幅 10 m の水路に，動粘性係数 0.1 cm²/s のオイルが 50 cm/s の速度で流れている。この現象の乱流構造を模型実験で調べるため，1/20 縮尺の模型水路で水を流して実験する。このとき水の流速はいくらにすればよいか？　実験で用いる水の動粘性係数は 0.01 cm²/s である。

【解答】 乱流構造を調べるので，レイノルズの相似則を考えるのがよい。レイノルズ数が模型（model）と実物（prototype）で一致する必要があるので，$U_m L_m/\nu_m = U_p L_p/\nu_p$ となる。よって $U_m = \nu_m U_p (L_p/L_m)/\nu_p$ と表せる。ここで $\nu_m = 0.01$ cm²/s，$\nu_p = 0.1$ cm²/s，$U_p = 50$ cm/s，$L_p/L_m = 20$ を代入して $U_m = 0.01 \times 50 \times 20/0.1 = 100$ cm/s と計算される。ただし，実験（例：室内水路）と実物（例：河川）で同じ水を対象とする場合，レイノルズ数を一致させるのはきわめて困難である。　◆

演 習 問 題

5.1 直径が D の管路に水が流れている。流れ方向に L 離れた断面 1 と 2 には摩擦によるエネルギー損失として，圧力損失 Δp が生じる。流速を V，水の密度を ρ，粘性係数を μ とする。レイリーの方法によってダルシー・ワイスバッハ式を導出せよ。ただし $\Delta p \propto L$ が成り立つとする。

5.2 流速が U の河川を考え，河床を構成する砂を単一粒径の球と仮定する。砂に作用するせん断応力を τ，砂の径を d，砂の水中比重を σ'，重力加速度を g とするとき，砂に作用する水中重力に対するせん断力の比である無次元掃流力は $\tau/(\sigma' dg)$ と与えられる。これをバッキンガムの π 定理によって求めよ。

6章 ポテンシャル流理論

6.1 流れの可視化と流線

　風や水の運動は，それ自体が透明なので直接，視覚的にとらえることは難しいが，少しの工夫でその存在がわかる。これを流れの可視化と呼ぶが，大げさなことをしなくても，身近なところでできる。例えば，水面に浮かんだ木の葉は水流によって流されるが，速いところ，遅いところは木の葉の動きからある程度わかる。局所的に安定した渦が形成されている領域では，木の葉の回転からそれを実感できる。

　つぎに粉状の物質を水路の水面にまいて，カメラで写真をとってみる。このとき露光時間を長めに設定すると，**図 6.1** のように，粉が線のように映る。狭幅部では境界面に沿って流線がカーブする。この 1 本 1 本の線は，流れの向きと一致しており，"**流線**（stream line）" と呼び，流体運動の軌跡を表す。渦なし条件を前提とした**ポテンシャル流理論**（potential flow theory）では，流線や

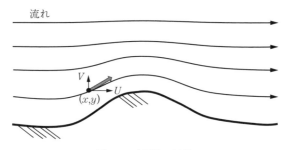

図 6.1　水面上の流線

流速分布を数学的に記述できる。本章では，渦度，流れ関数，速度ポテンシャル，複素速度ポテンシャルといった用語の要点や定義をまとめるとともに，演習問題を通じてイメージをつかんでもらう。詳しい数学的解釈は14章を参照されたい。

6.2 渦度と速度ポテンシャル

図 6.1 の2次元平面上の定常流れを考え，ある点 (x, y) における時間平均された流速成分を (U, V) とする。水路側壁や水面などの境界面が変化すれば，流速も場所によって変化する。橋脚のような構造物背後や本川に面した凹部領域では，渦が生じる可能性がある。ここで渦のような流れの回転を表す物理量としてつぎの**渦度**（vorticity）ω を定義する。これは覚えよう。

$$\omega \equiv \frac{\partial V}{\partial x} - \frac{\partial U}{\partial y} \tag{6.1}$$

渦度が0の場合を，渦なし流れと呼び，**速度ポテンシャル**（velocity potential）ϕ が存在する。速度ポテンシャルを各方向で微分するとその方向の速度成分が得られる。これも必ず覚えよう。

$$（速度ポテンシャル）\quad U = \frac{\partial \phi}{\partial x}, \quad V = \frac{\partial \phi}{\partial y} \tag{6.2}$$

6.3 流れ関数と連続式

次式で定義される関数 ψ を**流れ関数**（stream function）と呼ぶ。速度ポテンシャルの定義と類似して紛らわしいが正確に覚えよう。

$$（流れ関数）\quad U = \frac{\partial \psi}{\partial y}, \quad -V = \frac{\partial \psi}{\partial x} \tag{6.3}$$

流れ関数は，**図 6.2** に示すように同一の流線上で同じ値をもつ。つまり流線は流れ関数の等値線である。では，この等値線の間隔はなにを意味するであろ

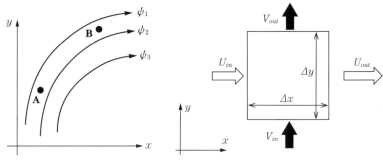

図 **6.2**　流線と流れ関数　　　　図 **6.3**　微小流体塊における流出入

うか。

　ψ_1 と ψ_2 をもつ二つの流線にはさまれる点 A と点 B に注目しよう。点 A のほうが点 B よりも流線の y 方向の間隔が大きく，$\partial\psi/\partial y$ が相対的に小さい。式(6.3)より点 B よりも点 A のほうが，U が小さいことを意味する。つぎに x 方向の間隔は点 B のほうが点 A よりも大きく，同様の考え方から V の大きさは点 A に比べて点 B のほうが小さい。図から点 B では流線の向きが x 軸に平行に近づくことからも，このことが視覚的に理解できる。

　流れ関数はつぎの微分形式の連続式と関係がある。2章で扱った連続式は積分形式で断面全体を通過する質量フラックスを考えた。微分形式，積分形式とも質量保存則を表し本質は同じものである。微分形式のほうは**図 6.3** に示す大きさ $\Delta x \times \Delta y$ の単位奥行長さをもつ2次元の微小な流体の塊を出入りする質量保存を考える。x，y 方向の単位時間当りの流出入のトータルは $\Delta Q = (U_{in} - U_{out})\Delta y + (V_{in} - V_{out})\Delta x$ と表せ，質量が保存されるためには $\Delta Q = 0$ となる必要がある。これより，**連続式（微分形式）**（continuity equation in differential form）は次式となる。詳細な証明は 8.2 節を参照されたい。

（微分形式の連続式）　　　$$\frac{\partial U}{\partial x} + \frac{\partial V}{\partial y} = 0 \tag{6.4}$$

なお，流れ関数は連続式を満たす（演習 6.1）。

例題 6.1　速度ポテンシャルおよび流れ関数が，それぞれつぎのラプラスの

式を満たすことを示せ。流れは渦なしとする。

$$\frac{\partial^2 \phi}{\partial x^2} + \frac{\partial^2 \phi}{\partial y^2} = 0 \tag{6.5}$$

$$\frac{\partial^2 \psi}{\partial x^2} + \frac{\partial^2 \psi}{\partial y^2} = 0 \tag{6.6}$$

【解答】 $\frac{\partial^2 \phi}{\partial x^2} = \frac{\partial U}{\partial x}$, $\frac{\partial^2 \phi}{\partial y^2} = \frac{\partial V}{\partial y}$ である。よって連続式 (6.4) を使えば，$\frac{\partial^2 \phi}{\partial x^2} + \frac{\partial^2 \phi}{\partial y^2} = \frac{\partial U}{\partial x} + \frac{\partial V}{\partial y} = 0$ となる。同様に $\frac{\partial^2 \psi}{\partial x^2} = -\frac{\partial V}{\partial x}$, $\frac{\partial^2 \psi}{\partial y^2} = \frac{\partial U}{\partial y}$ である。よって式(6.1) の渦度 $=0$ であることを使えば，$\frac{\partial^2 \psi}{\partial x^2} + \frac{\partial^2 \psi}{\partial y^2} = -\frac{\partial V}{\partial x} + \frac{\partial U}{\partial y} = 0$ となる。◆

6.4　複素速度ポテンシャルによる流れの表現

6.4.1　複素速度ポテンシャルの定義

速度ポテンシャルと流れ関数を使って，式(6.7) の**複素速度ポテンシャル**（complex velocity potential）を定義する。これは実数部が ϕ，虚数部が ψ の複素関数である。

$$f(z) = \phi + i\psi \tag{6.7}$$

ここで，$z = x + iy$ は複素平面の位置座標である。われわれがイメージしやすい物理平面上の位置 (x, y) を一旦，z に変換してから $f(z)$ に含まれる ϕ あるいは ψ を計算すると，考えている場所の流速成分 (U, V) が計算できる。なお水理学の問題では $f(z)$ が与えられており，そこからどのような流れ場かを考えさせるものが多い。

式(6.7) の式形にはつぎのようなメリットがある。

① 実部と虚部が複素関数論のコーシー・リーマンの関係にあり，微分可能が保証される。つまり $f(z)$ は z で微分可能である。本章ではこの恩恵をあまり感じないと思うが興味ある読者は 14 章を熟読しよう。

② 線形性があるため，複数の単純な$f(z)$を足し合わせて，より複雑な流れ場の表現が可能である。

③ 2次元場をzの1変数で表せる。

例題 6.2　複素速度ポテンシャル$f(z) = -iUz$，$(U>0)$はどのような流れ場を表すか考察せよ。

　【解答】　$f(z) = -iUz = -iU(x+iy) = Uy - iUx$。よって実数部と虚数部から，速度ポテンシャルと流れ関数はそれぞれ，$\phi = Uy$，$\psi = -Ux$となる。したがって$U = \dfrac{\partial \phi}{\partial x} = 0$，$V = \dfrac{\partial \phi}{\partial y} = U$となる。よって**図 6.4**のように，$y$軸に平行上向きの大きさ$U$の一様流であることがわかる。また流れ関数は$y$に依存しないため，すべての流線が$y$軸に平行となることからも，このことがわかる。　　　　◆

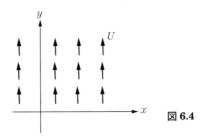

図 6.4

6.4.2　極 座 標 表 示

　回転や放射状の流れの表現では，x-y座標よりも原点からの距離rとx軸に対する傾きθを使った極座標（**図 6.5**）を導入すると計算しやすい。またx-y座標とr-θ座標は式(6.8)および式(6.9)のように変換できる。

$$x = r \cos \theta \tag{6.8}$$

$$y = r \sin \theta \tag{6.9}$$

　rおよびθ方向の速度成分はそれぞれ速度ポテンシャルを微分して

$$U_r = \frac{\partial \phi}{\partial r} \tag{6.10}$$

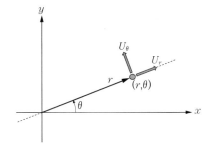

図 6.5 極 座 標

$$U_\theta = \frac{1}{r}\frac{\partial \phi}{\partial \theta} \tag{6.11}$$

となる。U_θ のほうは分母に r がかかっている点に注意する必要がある。点 $(r,\ \theta)$ における θ 方向の微小移動量は、$\Delta\theta$ でなく $r \times \Delta\theta$ となるためである。

また図 6.5 を複素平面とすれば

$$z = x + iy = re^{i\theta} \tag{6.12}$$

と表せる。この関係式もよく使うので覚えておこう。

例題 6.3 複素速度ポテンシャル $f(z) = S\left(z + \dfrac{a^2}{z}\right)$ はどのような流れ場を表すか考察せよ。なお a および S は正の実数とする。

【解答】 式 (14.4) を用いて $f(z) = S\left(z + \dfrac{a^2}{z}\right) = S\left(re^{i\theta} + \dfrac{a^2}{r}e^{-i\theta}\right) = S\left(r + \dfrac{a^2}{r}\right)\cos\theta$ $+ iS\left(r - \dfrac{a^2}{r}\right)\sin\theta$。これから流れ関数は、$\psi = S\left(r - \dfrac{a^2}{r}\right)\sin\theta$。$r = a$ では、$\psi = 0$ と一定となり 1 本の閉じた流線を表し、$r = a$ の円周上を回る流れを表す。

つぎに流速を求めてみよう。速度ポテンシャルは、$\phi = S\left(r + \dfrac{a^2}{r}\right)\cos\theta$ となる。よってこれを偏微分すると、$U_r = \dfrac{\partial\phi}{\partial r} = S\left(1 - \dfrac{a^2}{r^2}\right)\cos\theta$, $U_\theta = \dfrac{1}{r}\dfrac{\partial\phi}{\partial\theta} = -S\left(1 + \dfrac{a^2}{r^2}\right)\sin\theta$ となる。ここで流速の幾何学的関係より $U = U_r\cos\theta - U_\theta\sin\theta$, $V = U_r\sin\theta$ $+ U_\theta\cos\theta$ となる。これを使って、x, y 方向の流速は、$U = S\left(1 - \dfrac{a^2}{r^2}\cos 2\theta\right)$, V

$= -S \dfrac{a^2}{r^2} \sin 2\theta$　となる。場合分けをして考えると以下のようになる。

(1) $r = \infty$ のとき，$U = S,\ V = 0$ となる。これは負から正の向きに流れる速さ U の一様流を表す。

(2) $r = a$ のとき，$U = S(1 - \cos 2\theta),\ V = -S \sin 2\theta$ となる。

　さらに

　　・$\theta = 0, \pi$ で，$U = 0,\ V = 0$　→　流速ゼロ（流れがない）の"よどみ点"

　　・$\theta = \pm\pi/2$ で，$U = 2S,\ V = 0$　→　一様流の2倍の速さの流れ

となる。(1)，(2) は断片的な情報ではあるが，これらから，**図 6.6** に示す半径 a の円柱周りの流れを表すことが推測できる。　　　　　　　　　　　　◆

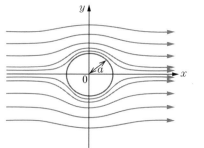

図 6.6

演 習 問 題

6.1　流れ関数の定義式 (6.3) が連続式を満たすことを示せ。

6.2　複素速度ポテンシャルが $f(z) = i\Gamma \log z$ で表される流れの渦度を計算せよ。ただし Γ は実数とする。

6.3　複素速度ポテンシャル $f(z) = Q \log z$ の流れ場を考察せよ（わき出し・すい込み）。ただし Q は実数とする。

6.4　例題 6.3 の流れ場において円柱に作用する圧力を計算せよ。これは**ダランベールのパラドックス**（D'Alembert's paradox）に関する重要問題である。

7章　静水の科学

7.1　静水に作用する力

　本章では**パスカルの原理**（Pascal's principle）にもとづき，静水圧の伝搬特性
と作用方向について説明する。静水圧がなぜあらゆる方向に対して同じ大きさ
をもつのかを理解してほしい。さらに自由水面の変形に寄与する**表面張力**
（surface tension force）について，ぬれと毛細管現象を取り上げて基本的な力
学機構と考え方を概説する。表面張力は水理学では学ぶ機会が少ないが，土中
水の挙動や水面波の発生に重要な役割をもつ。

7.2　静水圧の大きさと方向

　1章で扱った静水圧をもう一度振り返ろう。深い位置ほど水面までの水の重
さによって水圧が大きくなることを学習した。しかし重力は鉛直方向に作用す
るのに，なぜ水平方向にも水圧は作用するのだろうか。さらにいえばなぜ微小
な流体要素にはあらゆる方向から同じ大きさの水圧が作用するのだろう？
　これはパスカルの原理で説明できる。ここで**図 7.1**（a）のように静止した単
位奥行幅をもつ三角柱の流体要素（ここでは水とする）を考える。上面に垂直

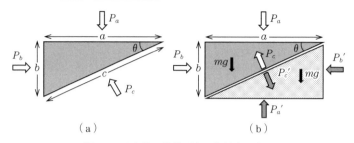

図7.1 三角柱の流体要素に作用する水圧

に水圧 P_a が発生したときに残りの2面に作用する水圧 P_b と P_c を計算してみる。なお力を加えたときに流体要素が変形せずに静止するためには、流体が固体壁に囲まれている必要がある。粘性をもつ流体が運動する場合は9章で学ぶように、流体要素にはその表面に平行にせん断応力が作用するが、静止状態では考えなくてよい。さて静止する流体要素に作用する鉛直方向と水平方向の力はそれぞれバランスする。流体要素の自重を無視してこれらを定式化すると $P_a \times a = P_c \cos\theta \times c$, $P_b \times b = P_c \sin\theta \times c$ となる。さらに $\cos\theta = a/c$, $\sin\theta = b/c$ より、$P_a = P_b = P_c$ となり、θ は任意角だから、流体要素に作用する水圧は方向によらず一定である。つまり、水面下のある地点において上方から水圧を受けた場合、同じ大きさの水圧を水平方向からも受ける

　つぎに流体要素の自重を考慮してみよう。図7.1（b）のように図（a）で用いた三角柱要素を、向きを変えて合わせたものを考える。水の密度を ρ とすれば三角柱の質量は $m = \dfrac{1}{2}\rho ab$ と書ける。上側の三角柱に作用する力のバランス式を、鉛直方向と水平方向それぞれについて考えると、$P_a \times a + mg = P_c \cos\theta \times c$, $P_b \times b = P_c \sin\theta \times c$ となる。まとめると $P_b = P_c = P_a + \dfrac{mg}{a}$ となり、面bと面cに作用する圧力は自重の分だけ増える。下側の三角柱の面cには反作用として $P_c' = P_c$ の水圧が作用する。下側三角柱に作用する圧力を同様に計算すると、$P_b' = P_c' (= P_b)$, $P_a' = P_a + \rho gb$ となる。このように水深の増加幅 b に比例して水圧が大きくなり、水面での水圧を0とすれば1章の式(1.1)に対応する。

7.3 表 面 張 力

7.3.1 界　　面

液相と気相，気相と固相，液相と固相のように異なる相の境界が界面である。同じ液相でも異なる液体（水と油）の境界も界面と呼ぶ。この界面に働く力が界面張力であるが，特に液相と気相の境界に作用する場合を表面張力と呼ぶ。

厳密な説明は本書のレベルを超えるので，基本的な特性を中心に概説する。まず水分子は分子間力によりおたがいに引っ張りあっている。しかし水と空気の表面の水分子は，空気中に水分子がないため上側への引力を受けない。そのため非常に不安定な状態となるが，これを避けるために表面積をできるだけ小さくしようとする性質がある。3次元空間で考えると，球体が最も表面積が小さい。これは宇宙船内で水滴が球になることからも理解できよう。なお表面張力は単位長さ当りに作用する力であることに注意しよう。

7.3.2 ぬれと接触角

図 7.2 のように板（固体）に付着した液滴を考える。液滴は自身の表面張力で丸くなろうとする。固体表面との接触を維持する液滴の性質を**ぬれ**（wetting）と呼ぶ。液体表面が固体に接する位置で，液表面と固体表面のなす角度を接触角 θ と定義する。この位置には三つの表面張力が作用する。図に示すように板と空気（固体と気体），板と液滴（固体と液体），液滴と空気（液体と空

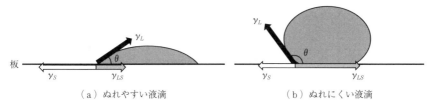

（a）ぬれやすい液滴　　　　（b）ぬれにくい液滴

図 7.2　板に付着した液滴

気）の界面にはそれぞれ，γ_S, γ_{LS}, γ_L の表面張力が発生する。これらはおの
おのの表面積を減らす方向に作用する。液滴が静止していれば水平方向の力の
つり合いより

$$\gamma_S - \gamma_{LS} = \gamma_L \cos \theta \tag{7.1}$$

が成り立つ。これを**ヤングの式**（Young's equation）と呼ぶ。

接触角は，ぬれやすさの定量的指標である。これが大きいほど水滴は球体に
近づき撥水性，つまりぬれにくいことを示す（図 7.2(b)）。小さければぬれや
すい状態となる（図 7.2(a)）。これは液滴と固体さらには周囲の温度などの環
境によって決まる。

7.3.3　毛 細 管 現 象

図 7.3(a)のように水槽に半径 r の細いガラス管を差し込むと水が管内を h
だけ上昇する。これを**毛細管現象**（capillary action）と呼び，樹木の根からの
吸水もその一例である。また管内の水面は縁が盛り上がり下に凸となる。これ
を**メニスカス**（meniscus）と呼ぶ。縁には水の表面積を小さくしようと図の向
きに表面張力 S が作用し，水は管壁を引っ張る。その反作用として管壁は水を
斜め上方に引っ張り上げる。この力を T，接触角を θ とするとその垂直成分は

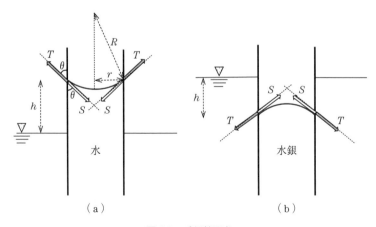

（a）　　　　　　　　　　（b）

図 7.3　毛細管現象

$T \cos \theta$ である。試験管内の水にはトータルで $2\pi r \times T \cos \theta$ の上向きの力がかかる。これが試験管内の水の重力とバランスすると考えると，$2\pi rT \cos \theta = \rho g \pi r^2 h$ となる。整理して次式が得られる。

$$h = \frac{2T \cos \theta}{\rho g r} \tag{7.2}$$

これから管径が細いほどより高く上昇することがわかる。また水銀のようにぬれにくい液体では $\cos \theta < 0$，$h < 0$ となり，水槽水面よりも下降する（図 7.3(b)）。さらに管内の水面形は水とは反対に上に凸となる。

つぎに試験管内の水表面近傍における空気圧を P_a，水圧を P_w（ただし $P_a > P_w$）とする。**図7.4**のように水表面の膜を考えると，下向きに作用する差圧 $\Delta P = P_a - P_w$ と上向きの表面張力 $2\pi rT \cos \theta$ がつり合うから，表面積を πr^2 と近似して $\Delta P \pi r^2 = 2\pi rT \cos \theta$ となる。さらに表面の曲率半径は $R = r/\cos \theta$ で与えられるから

$$\Delta P = \frac{2T}{R} \tag{7.3}$$

が得られる。この式を**ヤング・ラプラス式**（Young Laplace equation）と呼ぶ。

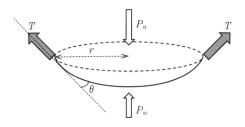

図7.4 水表面に作用する力

8 章　完全流体の微分形表示

8.1　流体運動の微視的表現

　2 章で完全流体の運動を扱い，特に検査断面間の質量，エネルギーおよび運動量の三つの保存則について巨視的に説明した。流体運動を考える上ではイメージがつかみやすく，実用上のメリットも大きい。一方で，流速や圧力などの物理量の局所変化を扱う場合，これらの影響を平滑化してしまい，補正係数や経験則に頼ることになる。したがって，細かいスケールの流体運動を対象とし，そのメカニズムを詳細に解明する際には，微視的な扱いが必要である。流れの中の対象ポイントから微小な流体要素を取り出し，微分形で質量や運動の保存則を記述する。なお，2 章から 4 章で説明した水理学の 1 次元解析は微分形に対して積分形表示とも呼ぶ。本章では完全流体の，9 章では粘性流体の運動に関する微視的な表現および扱いについて触れるが，微分形表示の連続式や運動方程式を積分すると 1 次元解析で扱った三つの保存則が得られる（10 章を参照されたい）。

8.2　連続式の微分形表示

8.2.1　縮約表記と座標系

　流体運動は 3 次元であるため，運動の方向は x, y, z の 3 方向について考える必要がある。そのため運動法則やスカラーの保存則は複雑な数式表記になり，

煩雑である。**アインシュタインの縮約表記**（Einstein convention）を導入すると
シンプルになる。

　まず座標軸に番号をつける。x, y, z 方向をそれぞれ $1, 2, 3$ とし，x, y, z 軸を
x_1, x_2, x_3 軸と書き換える。同様に瞬間流速も番号を使って，$\tilde{u} \to \tilde{u}_1, \tilde{v} \to \tilde{u}_2,$
$\tilde{w} \to \tilde{u}_3$ と書く。一般的に i 方向の軸と瞬間流速はそれぞれ $x_i, \tilde{u}_i$ と表せる（**図
8.1**）。

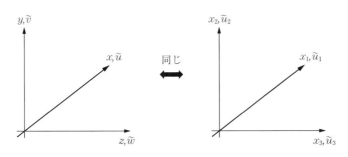

図 8.1　座標系の番号表示

　縮約表記のルールでは，一つの項に同じ添字が二つあると，それの全成分を
足し合わせる。具体例として，$\tilde{u}_j \dfrac{\partial \tilde{u}_i}{\partial x_j} \equiv \tilde{u}_1 \dfrac{\partial \tilde{u}_i}{\partial x_1} + \tilde{u}_2 \dfrac{\partial \tilde{u}_i}{\partial x_2} + \tilde{u}_3 \dfrac{\partial \tilde{u}_i}{\partial x_3}$ を考えよう。
左辺には j が二つあるので，i は固定したまま足し合わせることを意味する。
左辺の総和表示に対して右辺が成分表示になる。成分表示のほうがイメージし
やすいが表記が長くなる。換言すると縮約表記ではコンパクトに集約されるの
で理論展開の見通しがよくなる。

　以下，成分表記と縮約表記を併用しながら説明する。

8.2.2　連続式の微分形表示

図 8.2 のように流れの中に，微小な 2 次元領域を考える。この領域には四つ
の辺（面）を通じて流入，流出が発生する。つまり

　　（① 1 s 間に溜まる流体の質量）

　　　＝（② 1 s 当りの流入質量）－（③ 1 s 当りの流出質量）

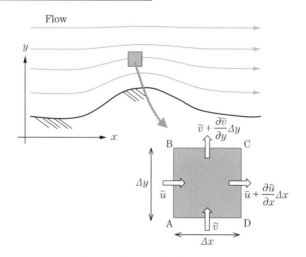

図 8.2 微小な流体塊の流出入

の関係が成り立つ。それぞれを数式で表してみる。

$$① = \frac{\partial}{\partial t}(\rho \Delta x \Delta y) \times 1$$

$$② = \rho(\widetilde{u} \times 1(\text{s}) \times \Delta y) + \rho(\widetilde{v} \times 1(\text{s}) \times \Delta x)$$

$$③ = \rho\left\{\left(\widetilde{u} + \frac{\partial \widetilde{u}}{\partial x}\Delta x\right) \times 1(\text{s}) \times \Delta y\right\} + \rho\left\{\left(\widetilde{v} + \frac{\partial \widetilde{v}}{\partial y}\Delta y\right) \times 1(\text{s}) \times \Delta x\right\}$$

よって $\dfrac{\partial \rho}{\partial t} = -\rho \dfrac{\partial \widetilde{u}}{\partial x} - \rho \dfrac{\partial \widetilde{v}}{\partial y}$ となる。ここで非圧縮流体（密度 ρ が変化せず

一定）を扱うものとすると，$\dfrac{\partial \widetilde{u}}{\partial x} + \dfrac{\partial \widetilde{v}}{\partial y} = 0$ となる。これが2次元場の連続式（質

量保存則）である。3次元では同様の考え方より $\dfrac{\partial \widetilde{u}}{\partial x} + \dfrac{\partial \widetilde{v}}{\partial y} + \dfrac{\partial \widetilde{w}}{\partial z} = 0$ となる。こ

れを縮約表記すると

$$\frac{\partial \widetilde{u}_i}{\partial x_i} = 0 \tag{8.1}$$

となる。2次元の場合は $i = 1, 2$，3次元の場合は $i = 1, 2, 3$ である。なお水理学

で扱う水は，特殊な問題を除いて非圧縮がほとんどである。

8.3　運動方程式の微分形表示（オイラー方程式）

8.3.1　流体運動の観察と加速度の表現

　質点の運動と同じく，流体もニュートンの運動法則（質量×加速度＝力）に従う。そこでまず，流体の加速度の表現について考えよう。流体の観測には二つの方法がある。一つの方法は**図 8.3** のように流体を粒子の集まりとみなして，1 個の粒子を追跡するもので，**ラグランジュ的観測**（Lagrangian specification）という。この粒子はニュートンの運動法則に従い，周囲から受ける力に応じて加速・減速する。加速度は質点の運動と同様に，速度の時間微分で表せる。

$$a = \frac{\partial \tilde{u}}{\partial t} \tag{8.2}$$

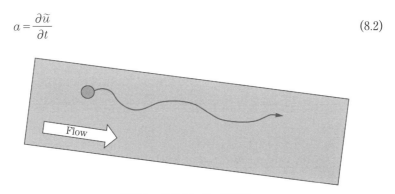

図 8.3　ラグランジュ的観測

　もう一つの方法は，流下方向に一定の間隔をもつ二つの検査面における流速の変化を調べるもので**オイラー的観測**（Eulerian specification）という。3 章や 4 章で学んだように水理学の 1 次元解析ではこちらをベースとする。**図 8.4** に示すように時刻 t に位置 x の断面 1 を通過する流体は，時間 dt 後に dx だけ下流にある断面 2 に到達する。したがって断面 2 における流速は，つぎのようにテイラー展開できる。

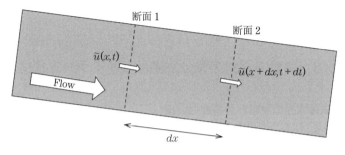

図 8.4　オイラー的観測

$$\widetilde{u}(x+dx, t+dt) = \widetilde{u}(x, t) + \frac{\partial \widetilde{u}(x, t)}{\partial t} dt + \frac{\partial \widetilde{u}(x, t)}{\partial x} dx \tag{8.3}$$

よって加速度は，$a \equiv \lim_{dt \to 0} \dfrac{\widetilde{u}(x+dx, t+dt) - \widetilde{u}(x, t)}{dt} = \lim_{dt \to 0} \dfrac{\partial \widetilde{u}(x, t)}{\partial t} + \lim_{dt \to 0} \dfrac{dx}{dt} \times$

$\dfrac{\partial \widetilde{u}(x, t)}{\partial x}$ と書け，$\widetilde{u} = \dfrac{dx}{dt}$ だから

$$a = \frac{\partial \widetilde{u}}{\partial t} + \widetilde{u}\, \frac{\partial \widetilde{u}}{\partial x} = \left(\frac{D\widetilde{u}}{Dt} \right) \tag{8.4}$$

同様に，(x, y, z) にある流体が dt 後に $(x+dx, y+dy, z+dz)$ に到達すると考えると

$$a_x \equiv \lim_{dt \to 0} \frac{\widetilde{u}(x+dx, y+dy, z+dz, t+dt) - \widetilde{u}(x, t)}{dt}$$

$$= \lim_{dt \to 0} \frac{\partial \widetilde{u}(x, t)}{\partial t} + \lim_{dt \to 0} \frac{dx}{dt} \times \frac{\partial \widetilde{u}(x, t)}{\partial x} + \lim_{dt \to 0} \frac{dy}{dt} \times \frac{\partial \widetilde{u}(x, t)}{\partial y} + \lim_{dt \to 0} \frac{dz}{dt}$$

$$\times \frac{\partial \widetilde{u}(x, t)}{\partial z} \leftrightarrow a_x = \frac{\partial \widetilde{u}}{\partial t} + \widetilde{u}\, \frac{\partial \widetilde{u}}{\partial x} + \widetilde{v}\, \frac{\partial \widetilde{u}}{\partial y} + \widetilde{w}\, \frac{\partial \widetilde{u}}{\partial z} \tag{8.5}$$

のように 3 次元運動する流体の空間における x 方向の加速度が表せる。i 方向の加速度を縮約表記すると

$$a_i = \frac{\partial \widetilde{u}_i}{\partial t} + \widetilde{u}_j\, \frac{\partial \widetilde{u}_i}{\partial x_j} \left(= \frac{D\widetilde{u}_i}{Dt} \right) \tag{8.6}$$

となる。$\dfrac{D}{Dt}$ を**物質微分**（material derivative）と呼ぶ。式(8.6)の第2項は**移流項**（convection term）である。流体の加速度は剛体的観測のものに，移流項が加わる点に注意されたい。

8.3.2 運動方程式の微分形表示

図 8.5 のように微小流体塊の x 方向の運動と作用する力を考えよう。完全流体では粘性に起因する摩擦力は考えないので，圧力と摩擦力以外の瞬間外力を考え，これらを $\widetilde{p}, \widetilde{f}_x'$ とする。上流側の面に作用する圧力を $\widetilde{p}(x, y, z)$ とすれば，下流側の面の圧力は $-\widetilde{p}(x + \Delta x, y, z) = -\widetilde{p}(x, y, z) - \dfrac{\partial \widetilde{p}}{\partial x} \Delta x$ となり，これらの和は $-\dfrac{\partial \widetilde{p}}{\partial x} \Delta x$ となる。圧力の作用面積は $\Delta y \Delta z$ なので，微小流体塊に作用する x 方向の全圧力は $-\dfrac{\partial \widetilde{p}}{\partial x} \Delta x \Delta y \Delta z$ となる。摩擦以外の外力が存在すれば流体塊

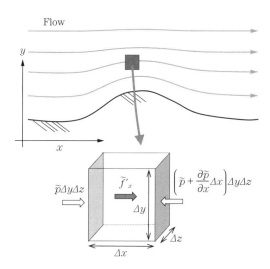

図 8.5 微小な流体塊に作用する力

に作用する x 方向の力は $-\dfrac{\partial \widetilde{p}}{\partial x}\Delta x \Delta y \Delta z + \widetilde{f_x}'$ となる。

　微小流体の質量は $\rho \Delta x \Delta y \Delta z$ である。x 方向の加速度として式(8.5) を用いてニュートンの運動法則に当てはめれば

$$(\rho \Delta x \Delta y \Delta z) \times \left(\frac{\partial \widetilde{u}}{\partial t} + \widetilde{u}\frac{\partial \widetilde{u}}{\partial x} + \widetilde{v}\frac{\partial \widetilde{u}}{\partial y} + \widetilde{w}\frac{\partial \widetilde{u}}{\partial z} \right) = -\frac{\partial \widetilde{p}}{\partial x}\Delta x \Delta y \Delta z + \widetilde{f_x}'$$

と書ける。ここで外力を単位体積当りの体積力 $\widetilde{f_x} = \widetilde{f_x}'/(\rho \Delta x \Delta y \Delta z)$ と置き換えて整理すると，完全流体の x 方向の運動方程式が得られる。同様に y, z 方向の運動方程式も導かれる。これらはつぎのように表せる。

$$(x方向)\quad \frac{\partial \widetilde{u}}{\partial t} + \widetilde{u}\frac{\partial \widetilde{u}}{\partial x} + \widetilde{v}\frac{\partial \widetilde{u}}{\partial y} + \widetilde{w}\frac{\partial \widetilde{u}}{\partial z} = -\frac{1}{\rho}\frac{\partial \widetilde{p}}{\partial x} + \widetilde{f_x} \tag{8.7}$$

$$(y方向)\quad \frac{\partial \widetilde{v}}{\partial t} + \widetilde{u}\frac{\partial \widetilde{v}}{\partial x} + \widetilde{v}\frac{\partial \widetilde{v}}{\partial y} + \widetilde{w}\frac{\partial \widetilde{v}}{\partial z} = -\frac{1}{\rho}\frac{\partial \widetilde{p}}{\partial y} + \widetilde{f_y} \tag{8.8}$$

$$(z方向)\quad \frac{\partial \widetilde{w}}{\partial t} + \widetilde{u}\frac{\partial \widetilde{w}}{\partial x} + \widetilde{v}\frac{\partial \widetilde{w}}{\partial y} + \widetilde{w}\frac{\partial \widetilde{w}}{\partial z} = -\frac{1}{\rho}\frac{\partial \widetilde{p}}{\partial z} + \widetilde{f_z} \tag{8.9}$$

縮約表記すると次式となる。

$$\frac{\partial \widetilde{u_i}}{\partial t} + \widetilde{u_j}\frac{\partial \widetilde{u_i}}{\partial x_j} = -\frac{1}{\rho}\frac{\partial \widetilde{p_i}}{\partial x_i} + \widetilde{f_i} \quad (i, j = 1, 2, 3) \tag{8.10}$$

これを**オイラー方程式**（Euler equation）と呼ぶ。

9章 粘性流体の微分形表示

9.1 粘性流体の運動方程式

　完全流体の運動を記述するオイラー方程式に，粘性に起因する力を考慮すると，粘性流体の運動方程式である**ナビエ・ストークス方程式**（Navier Stokes equation，N–S方程式）が得られる。微小流体塊の周辺の流速に空間的な分布があると，流体塊はひずみ，ずれ，収縮，膨張，回転が生じる。このような変形とともに粘性応力が生じる。次節以降では2次元の流体要素に作用する，粘性によるせん断応力（shear stress）と垂直応力（normal stress）について説明する。

9.2 せ ん 断 応 力

　図 9.1(a)に示す微小な2次元の流体塊 ABCD を考える。下面 AB の水平流速を $\tilde{u}$，上面 DC の流速を $\tilde{u}+\Delta\tilde{u}$ とすれば図のように x 方向にせん断応力 τ_{yx} が作用し，ひずみが生じる。ここで面 DC は Δl だけ平行移動し，このときのひずみ角を $\Delta\alpha_1$ とする。面 AD の長さを Δy とすれば，$\Delta\alpha_1 = \tan^{-1}\dfrac{\Delta x}{\Delta y}$ と表せる。

ここで $\Delta\alpha_1$ は微小とすれば，$\Delta\alpha_1 \simeq \dfrac{\Delta l}{\Delta y} = \dfrac{(\tilde{u}+\Delta\tilde{u})\Delta t - \tilde{u}\Delta t}{\Delta y} = \dfrac{\Delta\tilde{u}\Delta t}{\Delta y} \leftrightarrow \dfrac{\Delta\alpha_1}{\Delta t}$

$= \dfrac{\Delta\tilde{u}}{\Delta y}$ の関係が得られる。

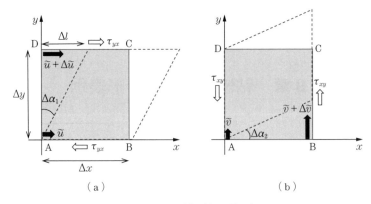

図 9.1　せん断変形とひずみ角

したがって，極限 $\Delta t \to 0$, $\Delta y \to 0$ をとると

$$\frac{\partial \alpha_1}{\partial t} = \frac{\partial \tilde{u}}{\partial y} \tag{9.1}$$

ニュートンの粘性法則より，せん断応力は粘性係数 μ を使って $\tau = \mu \dfrac{\partial \tilde{u}}{\partial y}$ と表される。これと式(9.1) より

$$\tau = \mu \frac{\partial \alpha_1}{\partial t} \tag{9.2}$$

となる。つまりせん断応力は，ひずみ角の時間変化に比例する。

　つぎに，図 9.1(b)に示す左面 AD と右面 BC の鉛直流速をそれぞれ $\tilde{v}$, $\tilde{v} + \Delta \tilde{v}$ とし，速度差によってこれらの面に平行にせん断応力 τ_{xy} が発生すると考える。これによって生じるひずみ角を $\Delta \alpha_2$ とすると式(9.1) と同様に

$$\frac{\partial \alpha_2}{\partial t} = \frac{\partial \tilde{v}}{\partial x} \tag{9.3}$$

が得られる。また流体塊が回転しないとすると，点 A 周りのモーメントは 0 なので，$\tau_{yx} = \tau_{xy}$ となる。

　さらにトータルのひずみ角は**図 9.2** に示すように $\Delta \alpha_1 + \Delta \alpha_2$ となるので，せん断応力は流速勾配によって次式で表せる。

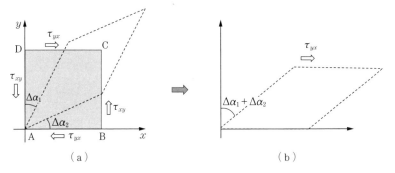

図 9.2　水平せん断応力と鉛直せん断応力による変形

$$\tau_{yx} = \tau_{xy} = \mu \frac{\partial(\alpha_1 + \alpha_2)}{\partial t} = \mu\left(\frac{\partial \tilde{u}}{\partial y} + \frac{\partial \tilde{v}}{\partial x}\right) \tag{9.4}$$

9.3　垂　直　応　力

　図 9.3 に示すように一辺 Δh の正方形の微小流体塊を考える。奥行は便宜上 1 とする。これが x 方向に伸長し，ABCD → AB'C'D' になるとする。さてこのとき，内部のひし形も変形し，ひし形の各辺には，せん断力が発生する。ひずみ角を γ とし，ひし形に隣接する三角形 AEG の力のつり合いを定式化しよう。AEG には x 方向に τ_{xx}, y 方向に τ_{yy} の垂直応力が作用すると考える。したがって

　・x 方向のつり合い：τ の x 方向成分×作用面積　＝　τ_{xx}×作用面積
　・y 方向のつり合い：τ の y 方向成分×作用面積　＝　τ_{yy}×作用面積

となる。まとめると

　・x 方向　$\dfrac{\tau}{\sqrt{2}} \times \dfrac{\sqrt{2}}{2}\Delta h = \tau_{xx} \times \dfrac{\Delta h}{2}$　↔　$\tau = \tau_{xx}$　（引張） $\tag{9.5}$

　・y 方向　$\dfrac{\tau}{\sqrt{2}} \times \dfrac{\sqrt{2}}{2}\Delta h = -\tau_{yy} \times \dfrac{\Delta h}{2}$　↔　$-\tau = \tau_{yy}$　（圧縮） $\tag{9.6}$

と書ける。

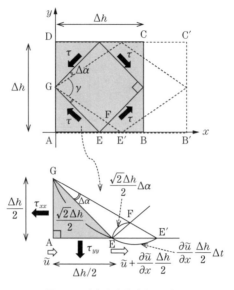

図 9.3　垂直応力と内部ひずみ

（**重要**）式(9.6) より，x 方向の引張によって，同時に y 方向には同じ大きさの圧縮力が生じる。

つぎに，図 9.3 より点 A と点 E における速度差は $\dfrac{\partial \widetilde{u}}{\partial x}\dfrac{\Delta h}{2}$，なので，点 E → 点 E′ への移動距離は $\dfrac{\partial \widetilde{u}}{\partial x}\dfrac{\Delta h}{2}\Delta t$ と表せる。一方で辺 EF は $\dfrac{\sqrt{2}}{2}\Delta h\Delta\alpha$ で，ひずみが微小で，三角形 EE′F を直角二等辺三角形と近似すると，$\dfrac{\sqrt{2}}{2}\Delta h\Delta\alpha \approx \dfrac{1}{\sqrt{2}}\dfrac{\partial \widetilde{u}}{\partial x}\dfrac{\Delta h}{2}\Delta t$ と表せる。したがって $\Delta t \to 0$ で $\dfrac{\partial\alpha}{\partial t}=\dfrac{1}{2}\dfrac{\partial \widetilde{u}}{\partial x}$ となる。ここで，$\Delta\gamma = -2\Delta\alpha$ なので（α が増えると γ が減少なので，マイナス符号が必要）

$$\frac{\partial\gamma}{\partial t}=-\frac{\partial \widetilde{u}}{\partial x} \tag{9.7}$$

が得られる（付録 A.2 参照）。式(9.2) のようにせん断応力は，粘性係数 μ とひ

ずみ角の時間変化の積で表せるから（式(9.2) は γ でなく α をひずみ角とした
ので符号がマイナスになる）

$$\tau = -\mu\frac{\partial\gamma}{\partial t} = \mu\frac{\partial\widetilde{u}}{\partial x} \tag{9.8}$$

となる。ここで，上述の重要事項より，y 方向の流速 $\widetilde{v}$ の空間変位によって x
方向には $-\mu\dfrac{\partial\widetilde{v}}{\partial y}$ の垂直応力が加わる。マイナス符号は式(9.6) に対応する。結
局，これと式(9.8) の和が τ_{xx} であるので，連続式を考慮して

$$\tau_{xx} = \mu\frac{\partial\widetilde{u}}{\partial x} - \mu\frac{\partial\widetilde{v}}{\partial y} = 2\mu\frac{\partial\widetilde{u}}{\partial x} - \mu\left(\frac{\partial\widetilde{u}}{\partial x} + \frac{\partial\widetilde{v}}{\partial y}\right) = 2\mu\frac{\partial\widetilde{u}}{\partial x} \tag{9.9}$$

となる。以上の結果を次式にまとめる。

$$\tau_{xx} = 2\mu\frac{\partial\widetilde{u}}{\partial x}, \quad \tau_{yy} = 2\mu\frac{\partial\widetilde{v}}{\partial y} \tag{9.10}$$

9.4　微小流体塊に作用する粘性応力

　前節の結果を使って，微小流体塊に作用する x 方向の粘性応力を表す。まず
垂直応力は引張を正とすることに注意する。なお圧力は圧縮を正とする。垂直
応力は面 AD と面 BC に作用する（**図 9.4**）。これらの符号に注意して表すと

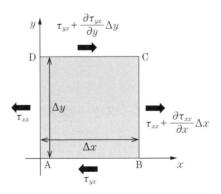

図 9.4 x 方向のせん断応力と垂直応力

面 AD：$-\tau_{xx}\varDelta y$,　面 BC：$\left(\tau_{xx}+\dfrac{\partial\tau_{xx}}{\partial x}\varDelta x\right)\varDelta y$

つぎにせん断応力は

面 AB：$-\tau_{yx}\varDelta x$,　面 DC：$\left(\tau_{yx}+\dfrac{\partial\tau_{yx}}{\partial y}\varDelta y\right)\varDelta x$

これらを足し合わせると

$$\left(\frac{\partial\tau_{xx}}{\partial x}+\frac{\partial\tau_{yx}}{\partial y}\right)\varDelta x\varDelta y=\left\{\frac{\partial}{\partial x}\left(2\mu\frac{\partial\widetilde{u}}{\partial x}\right)+\frac{\partial}{\partial y}\mu\left(\frac{\partial\widetilde{u}}{\partial y}+\frac{\partial\widetilde{v}}{\partial x}\right)\right\}\varDelta x\varDelta y$$

$$=\mu\left\{\frac{\partial^2\widetilde{u}}{\partial x^2}+\frac{\partial^2\widetilde{u}}{\partial y^2}+\frac{\partial}{\partial x}\left(\frac{\partial\widetilde{u}}{\partial x}+\frac{\partial\widetilde{v}}{\partial y}\right)\right\}\varDelta x\varDelta y=\mu\left(\frac{\partial^2\widetilde{u}}{\partial x^2}+\frac{\partial^2\widetilde{u}}{\partial y^2}\right)\varDelta x\varDelta y$$

となる。同様に y 方向の垂直応力＋せん断応力は

$$\left(\frac{\partial\tau_{yy}}{\partial y}+\frac{\partial\tau_{xy}}{\partial x}\right)\varDelta x\varDelta y=\cdots=\mu\left(\frac{\partial^2\widetilde{v}}{\partial x^2}+\frac{\partial^2\widetilde{v}}{\partial y^2}\right)\varDelta x\varDelta y$$

と書ける。この結果を 3 次元に拡張し，奥行 $\varDelta z$ の微小流体塊に作用する粘性応力（垂直＋せん断）を考えると

$$(x\ 方向)：\mu\left(\frac{\partial^2\widetilde{u}}{\partial x^2}+\frac{\partial^2\widetilde{u}}{\partial y^2}+\frac{\partial^2\widetilde{u}}{\partial z^2}\right)\varDelta x\varDelta y\varDelta z \tag{9.11}$$

$$(y\ 方向)：\mu\left(\frac{\partial^2\widetilde{v}}{\partial x^2}+\frac{\partial^2\widetilde{v}}{\partial y^2}+\frac{\partial^2\widetilde{v}}{\partial z^2}\right)\varDelta x\varDelta y\varDelta z \tag{9.12}$$

$$(z\ 方向)：\mu\left(\frac{\partial^2\widetilde{w}}{\partial x^2}+\frac{\partial^2\widetilde{w}}{\partial y^2}+\frac{\partial^2\widetilde{w}}{\partial z^2}\right)\varDelta x\varDelta y\varDelta z \tag{9.13}$$

と表せる。

9.5　ナビエ・ストークス方程式

式(9.11)〜式(9.13) の粘性応力を，$\rho\varDelta x\varDelta y\varDelta z$ で割って体積力で表示すると

$$(x\ 方向)：\nu\left(\frac{\partial^2\widetilde{u}}{\partial x^2}+\frac{\partial^2\widetilde{u}}{\partial y^2}+\frac{\partial^2\widetilde{u}}{\partial z^2}\right) \tag{9.14}$$

$$(y \text{ 方向}): \nu\left(\frac{\partial^2 \widetilde{v}}{\partial x^2} + \frac{\partial^2 \widetilde{v}}{\partial y^2} + \frac{\partial^2 \widetilde{v}}{\partial z^2}\right) \tag{9.15}$$

$$(z \text{ 方向}): \nu\left(\frac{\partial^2 \widetilde{w}}{\partial x^2} + \frac{\partial^2 \widetilde{w}}{\partial y^2} + \frac{\partial^2 \widetilde{w}}{\partial z^2}\right) \tag{9.16}$$

となる。ここで粘性係数を動粘性係数 $\nu \equiv \mu/\rho$ に置き換えた（9.6 節参照）。これらから i 方向の粘性応力を縮約表記すると，$\nu\left(\dfrac{\partial^2 \widetilde{u}_i}{\partial x_j \partial x_j}\right)$ となる。

これを式(8.10)のオイラー方程式の右辺に加えると，つぎのナビエ・ストークス方程式（N–S 方程式）が得られる。

$$\frac{\partial \widetilde{u}_i}{\partial t} + \widetilde{u}_j \frac{\partial \widetilde{u}_i}{\partial x_j} = -\frac{1}{\rho}\frac{\partial \widetilde{p}_i}{\partial x_i} + \nu\frac{\partial^2 \widetilde{u}_i}{\partial x_j \partial x_j} + \widetilde{f}_i \quad (i, j = 1, 2, 3) \tag{9.17}$$

左辺第 2 項の移流項は非線形であり，これが流体運動を複雑にする。外力が既知であれば 3 次元空間の場合，未知数は $\widetilde{u}$, $\widetilde{v}$, $\widetilde{w}$ および $\widetilde{p}$ の四つである。式(8.1) の連続式と各方向の N–S 方程式を合わせれば方程式数も四つで，解けそうであるが，厳密解は得られない。ただし限定的な条件下では解ける例が複数ある（例えばハーゲン・ポアズイユ流れ，クエット流れなど）。

なお，式(9.17) の左辺は，8 章で取り上げたオイラー的観測による，流体の加速度 $\dfrac{D\widetilde{u}_i}{Dt} \equiv \dfrac{\partial \widetilde{u}_i}{\partial t} + \widetilde{u}_j \dfrac{\partial \widetilde{u}_i}{\partial x_j}$ である。局所加速度 $\dfrac{\partial \widetilde{u}_i}{\partial t}$ に加えて，移流項 $\widetilde{u}_j \dfrac{\partial \widetilde{u}_i}{\partial x_j}$ が加わることに注意する必要がある。移流項の非線形性が現象を複雑にする。乱流では**カスケード過程**（cascade process）と呼ばれる，大きな渦が小さな渦に分裂する特性があり，移流項が関わっている。

低周波側のある瞬間の流速変動が，仮に $\widetilde{u} = A\sin(kx)$（$A$ = 振幅，k = 波数）で表されるとする。これを x 方向の 1 次元 N–S 式の移流項の第 1 項 $\{\widetilde{u}(\partial\widetilde{u}/\partial x)\}$ に代入し，移流項によって作り出された波動の波数を考察しよう。

$\widetilde{u}\,\dfrac{\partial \widetilde{u}}{\partial x} = kA\sin(kx)\times A\cos(kx) = \dfrac{A^2 k}{2}\sin(2kx)$ となり，出力波形の波数は入力波形の 2 倍となり，確かに変動が細かくなる，つまり渦スケールが小さくなる

ことがわかる。

9.6　粘性係数と動粘性係数

　改めて粘性係数 μ と動粘性係数 ν について考察する。水と水あめを入れた二つのビーカーそれぞれをスプーンでかき混ぜると，粘り気が強い水あめのほうが大きな力を要する。つまり大きな抵抗が発生する。このときスプーン近傍の流体と少し離れた流体には流速差が現れ，図 9.1 に示すようなせん断応力が発生する。これが抵抗力で，9.2 節で説明したようにニュートンの法則 $\tau = \mu \dfrac{\partial \tilde{u}}{\partial y}$ で表せる。流速勾配にかかる比例定数が粘性係数（単位：Pa·s）で物性値である。つまり抵抗力がどれだけ遠方まで伝わるかの効率を示しているといえる。

　一方で抵抗による流体速度の減少を考えたときには，流体の密度を考える必要がある。重い流体は軽い流体に比べて同じ抵抗力でも，減速されにくい。これはもし同じブレーキ力で軽自動車とトラックを減速させた場合，トラックのほうが制動距離が長いことからイメージできるだろう。したがって抵抗力による速度の影響を考察する場合には，流体密度の情報が必要であり，粘性係数ではなく動粘性係数（単位：m²/s）を使う。

　なお，粘性係数は水＞空気だが，動粘性係数は水＜空気となるので注意する。手のひらで空気と水を扇いでみよう。水のほうが手への抵抗を感じる。換言すれば，粘性係数が大きい水のほうが空気よりも外部からの力が伝わりやすい。一方で同じ力で扇いでも，動粘性係数の大きな空気のほうが水よりも，速い流れ（風）を作り出せる。

9.7　粘性と渦なしの解釈

　微小流体塊に作用する粘性応力を $\tilde{\tau}_{ij}$ とすると，N–S 方程式 (9.17) の粘性力

は$\dfrac{\partial \tilde{\tau}_{ij}}{\partial x_i} = \nu \nabla^2 \tilde{u}_i$と表せた。ここでベクトルの公式$A \times (B \times C) = B(A \cdot C) - C(A \cdot B)$に，$\nabla$と流速ベクトル$\tilde{\mathbf{u}} = (\tilde{u}_1, \tilde{u}_2, \tilde{u}_3)$を適用すると，$\nabla \times (\nabla \times \tilde{\mathbf{u}}) = \nabla(\nabla \cdot \tilde{\mathbf{u}}) - \tilde{\mathbf{u}}(\nabla \cdot \nabla)$となる。ここで連続式$\nabla \tilde{\mathbf{u}} = 0$と渦度ベクトル$\tilde{\boldsymbol{\omega}} = \nabla \times \tilde{\mathbf{u}}$を用いて

$$\nabla \times \tilde{\boldsymbol{\omega}} = -\nabla^2 \tilde{\mathbf{u}} \tag{9.18}$$

したがって

$$\nu \nabla^2 \tilde{u}_i = -\nu \nabla \tilde{\boldsymbol{\omega}} \tag{9.19}$$

よって，渦度ベクトル（渦度）が0なら$\nu \nabla^2 \tilde{u}_i = 0$，つまり粘性力が0となる。このことからポテンシャル流（＝渦なし）では，粘性力は流体運動に寄与しない。では完全流体＝ポテンシャル流といえるだろうか？　じつはそうではない。ここで13章の式(13.20)の平均流のエネルギー輸送方程式における右辺の$\nu \dfrac{\partial U_i}{\partial x_j} \dfrac{\partial U_i}{\partial x_j}$はエネルギーの**散逸率**（dissipation rate）を表す。この$\dfrac{\partial U_i}{\partial x_j} \dfrac{\partial U_i}{\partial x_j}$は流体の回転，つまり渦度とは関係なく，あくまでもせん断変形が関係する。つまり渦なしであっても0にならないから，ポテンシャル流でも粘性はエネルギー散逸に寄与する。まとめるとポテンシャル流では，粘性は運動には寄与しないがエネルギーについては影響するといえる。したがって，ポテンシャル流は流体運動の点では完全流体のように振舞うが，エネルギーの生成・消費については粘性を無視できないから，完全流体≠ポテンシャル流である。

10章　積分形水理方程式の導出

10.1　ベルヌーイ式の導出

　水理学で頻繁に用いる 1 次元のエネルギー保存則であるベルヌーイ式を，2 通りの方法で導出する。一つは質点運動の考え方から求める方法，もう一つはオイラーの方程式を積分する方法である。

10.1.1　質点系のエネルギー保存則に基づく方法

　質点系の運動と同様に，与えられた仕事とエネルギー変化が等しい力学原理に基づいて，完全流体版のエネルギー保存則を定式化する。**図 10.1** に示すように流線が複数集まった流管を考える。断面 1 と 2 の力学的エネルギーの変化は，運動エネルギーと位置エネルギーの変化を考えればよい。単位時間当りに断面 1 と 2 を通過する流体の質量はそれぞれ $\rho V_1 A_1$，$\rho V_2 A_2$ となるから，断面 1 に対する断面 2 の力学的エネルギーの変化は

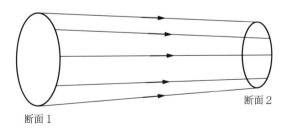

図 10.1　流管と検査断面

$$\left(\frac{1}{2}\rho V_2 A_2 \times V_2^{\,2} + \rho V_2 A_2 \times gz_2\right) - \left(\frac{1}{2}\rho V_1 A_1 \times V_1^{\,2} + \rho V_1 A_1 \times gz_1\right)$$

である。一方で検査領域に作用する力は断面 1 と 2 に垂直に作用する圧力のみである。これらが検査領域にする仕事は，$P_1 A_1 \times V_1 - P_2 A_2 \times V_2$ となる。なお粘性流体では流管の側面に作用する摩擦を考慮する必要がある。さて連続式より $Q = V_1 A_1 = V_2 A_2$ と表せる。よって

$$\left(\frac{1}{2}\rho V_2 A_2 \times V_2^{\,2} + \rho V_2 A_2 gz_2\right) - \left(\frac{1}{2}\rho V_1 A_1 \times V_1^{\,2} + \rho V_1 A_2 gz_1\right)$$

$$= P_1 A_1 \times V_1 - P_2 A_2 \times V_2$$

$$\leftrightarrow \left(\frac{1}{2}\rho Q V_2^{\,2} + \rho Q gz_2\right) - \left(\frac{1}{2}\rho Q V_1^{\,2} + \rho Q gz_1\right) = P_1 Q - P_2 Q \tag{10.1}$$

$$\leftrightarrow \frac{V_1^{\,2}}{2g} + \frac{P_1}{\rho g} + z_1 = \frac{V_2^{\,2}}{2g} + \frac{P_2}{\rho g} + z_2$$

と整理できてベルヌーイ式が導けた。わかりやすい方法ではあるが，力学的エネルギー保存則を前提としている。つぎに運動方程式から導いてみよう。

10.1.2 運動方程式からの導出（定常仮定）

完全流体を仮定して式(8.10) のオイラー方程式を使う。これを再記すると

$$\frac{\partial \widetilde{u}_i}{\partial t} + \widetilde{u}_j \frac{\partial \widetilde{u}_i}{\partial x_j} = -\frac{1}{\rho}\frac{\partial \widetilde{p}_i}{\partial x_i} + \widetilde{f}_i \quad (i, j = 1, 2, 3) \tag{10.2}$$

となる。ここで 1 本の流線上の運動に注目して，その方向を s，瞬間流速を $\widetilde{u}_s$ とする。また外力は重力のみ考えるとして，重力の s 方向成分を g_s とする。s と直交する方向の流速成分は 0（s は流線なので）だから，s 方向のオイラー方程式は次式のように表せる。

$$\frac{\partial \widetilde{u}_s}{\partial t} + \widetilde{u}_s \frac{\partial \widetilde{u}_s}{\partial s} = -\frac{1}{\rho}\frac{\partial \widetilde{p}_s}{\partial s} + g_s \tag{10.3}$$

図 10.2 に示すように，流線と鉛直軸の角度を θ とすると，$\cos\theta = \dfrac{dz}{ds}$ とな

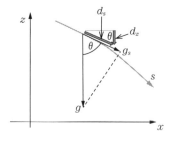

図 10.2　流線の座標系

る。よって $g_s = -g \cos \theta = -g \dfrac{dz}{ds}$ となる。さらに定常を仮定して，$\widetilde{u}_s$ を V，$\widetilde{p}_s$ を P に置き換えると

$$V \frac{\partial V}{\partial s} = -\frac{1}{\rho} \frac{\partial P}{\partial s} - g \frac{dz}{ds} \tag{10.4}$$

となる。ここで偏微分を普通微分に変えて整理すると

$$\frac{d}{ds}\left(\frac{V^2}{2}\right) = -\frac{1}{\rho} \frac{\partial P}{\partial s} + g \frac{dz}{ds} \ \leftrightarrow \ \frac{d}{ds}\left(\frac{V^2}{2g} + \frac{P}{\rho g} + z\right) = 0 \tag{10.5}$$

式(10.5) を s 方向に積分すれば，式(10.1) のベルヌーイ式が得られる。ここで用いた二つの条件は，定常かつ同一流線上の運動を考えていることである。

10.2　水深積分方程式（浅水方程式）の導出

　一般に自然河川は湾曲部や蛇行部，さらには川幅の漸拡縮区間など横断方向の変化が大きい。このような場合，水理学の 1 次元解析では限界がある。一方で 3 次元のナビエ・ストークス（N-S）方程式は，比較的広い流域を対象にする場合，計算量が過多である。自然河川は水深方向よりも水平方向（主流と横断方向）のスケールが大きい。そこで水深方向に流れの運動を平均化し，水平方向の流速成分を求めることを考える。2 次元の計算となり計算量をセーブできる。このように連続式と運動方程式（ここでは，11 章で説明する式(11.22) の**RANS 方程式**（Reynolds-averaged Navier Stokes equation））を水深積分した一

連の方程式を**浅水方程式**（shallow water equation）と呼ぶ。

10.2.1 準　　備

　座標系を**図 10.3** に示す。x, y, z はそれぞれ主流，横断，鉛直方向の座標である。h, η はそれぞれ水深および基準面からの路床高さであり，$H = h + \eta$ とする。η は既知とする。U, V はそれぞれ x, y 方向の水深平均した流速成分で未知数である。浅水方程式では静水圧近似を用いるので，圧力の代わりに水深 h を未知数とする。路床勾配を考えると水深方向は鉛直方向からずれるが，ここでは勾配は微小として便宜的に鉛直軸に沿って定義する。水深方向の水深方向流速は 0 とする。

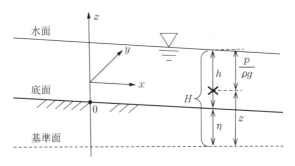

図 10.3 浅水方程式の座標系

　水深積分計算には二つの準備が必要である。まず数学公式の**ライプニッツ則**（Leibniz rule）を次式に示す（付録 A.3 を参照されたい）。

$$\frac{d}{dx}\left(\int_{f(x)}^{g(x)} W(x, y)dy\right) = \int_{f(x)}^{g(x)} \frac{\partial W}{\partial x}dy + W(x, g(x))\frac{\partial g}{\partial x} - W(x, f(x))\frac{\partial f}{\partial x}$$

$$(10.6)$$

例として後述の式(11.22)の RANS 方程式における非定常項 $\partial U/\partial t$ に式(10.6) を適用する。

$$\int_{\eta(x, y)}^{H(x, y)} \frac{\partial U}{\partial t}dz = \frac{\partial}{\partial t}\left(\int_{\eta}^{H} Udz\right) - U(x, y, H)\frac{\partial H}{\partial t} + U(x, y, \eta)\frac{\partial \eta}{\partial t}$$

$$(10.7)$$

ここで水深平均流速 $\bar{U} = \dfrac{1}{h} \displaystyle\int_\eta^H U dz$ を定義する，式(10.7) は次式となる。

$$\int_\eta^H \frac{\partial U}{\partial t} dz = \frac{\partial}{\partial t}(h\bar{U}) - U\frac{\partial H}{\partial t} + U\frac{\partial \eta}{\partial t} \tag{10.8}$$

　また浅水方程式の導出には，運動学的境界条件を用いる。これを水面と河床のそれぞれに適用すると

$$\frac{\partial H}{\partial t} + U(x, y, H)\frac{\partial H}{\partial x} + V(x, y, H)\frac{\partial H}{\partial y} = W(x, y, H) \tag{10.9}$$

$$\frac{\partial \eta}{\partial t} + U(x, y, \eta)\frac{\partial \eta}{\partial x} + V(x, y, \eta)\frac{\partial \eta}{\partial y} = W(x, y, \eta) \tag{10.10}$$

となる。

10.2.2　浅水方程式の導出

〔1〕運動方程式

　外力を重力のみとして，水平方向の粘性応力を無視すると，後述の式(11.23)における x 方向成分は

$$\frac{\partial U}{\partial t} + U\frac{\partial U}{\partial x} + V\frac{\partial U}{\partial y} + W\frac{\partial U}{\partial z} = F_x - \frac{1}{\rho}\frac{\partial P}{\partial x} + (\nu + \nu_t)\frac{\partial^2 U}{\partial z^2} \tag{10.11}$$

と書ける。ここで静水圧近似 $P = \rho g(h - z)$ を使う。式(10.11) の右辺第1項および第2項は，$F_x - \dfrac{1}{\rho}\dfrac{\partial P}{\partial x} = gi_0 - g\dfrac{\partial h}{\partial x}$ と表せる。なお i_0 は路床勾配で，$i_0 = -\dfrac{\partial \eta}{\partial x}$ である。さらに連続式 $\dfrac{\partial U}{\partial x} + \dfrac{\partial V}{\partial y} + \dfrac{\partial W}{\partial z} = 0$ を使って式(10.11) の移流項を $U\dfrac{\partial U}{\partial x}$

$+ V\dfrac{\partial U}{\partial y} + W\dfrac{\partial U}{\partial z} = \dfrac{\partial U^2}{\partial x} + \dfrac{\partial UV}{\partial y} + \dfrac{\partial UW}{\partial z}$ と書きなおすと，式(10.11) は

$$\frac{\partial U}{\partial t} + \frac{\partial U^2}{\partial x} + \frac{\partial UV}{\partial y} + \frac{\partial UW}{\partial z} = gi_0 - g\frac{\partial h}{\partial x} + \frac{\partial}{\partial z}\left\{(\nu + \nu_t)\frac{\partial U}{\partial z}\right\} \tag{10.12}$$

と表せる。これを η から H まで z 方向に積分する。

$$\int_{\eta}^{H}\frac{\partial U}{\partial t}dz + \int_{\eta}^{H}\frac{\partial U^2}{\partial x}dz + \int_{\eta}^{H}\frac{\partial UV}{\partial y}dz + \int_{\eta}^{H}\frac{\partial UW}{\partial z}dz$$

$$= gi_o\int_{\eta}^{H}dz - g\int_{\eta}^{H}\frac{\partial h}{\partial x}dz + \int_{\eta}^{H}\frac{\partial}{\partial z}\left\{(\nu + \nu_t)\frac{\partial U}{\partial z}\right\}dz \tag{10.13}$$

式(10.7) を参考にライプニッツ則を適用すると

$$\frac{\partial}{\partial t}\left(\int_{\eta}^{H}Udz\right) + \frac{\partial}{\partial x}\left(\int_{\eta}^{H}U^2dz\right) + \frac{\partial}{\partial y}\left(\int_{\eta}^{H}UVdz\right)$$

$$- U|_H\frac{\partial H}{\partial t} - U^2|_H\frac{\partial H}{\partial x} - U|_HV|_H\frac{\partial H}{\partial y} + U|_HW|_H$$

$$- U|_\eta\frac{\partial \eta}{\partial t} - U^2|_\eta\frac{\partial \eta}{\partial x} - U|_\eta V|_\eta\frac{\partial \eta}{\partial y} + U|_\eta W|_\eta$$

$$= ghi_o - gh\frac{\partial h}{\partial x} + \left[(\nu + \nu_t)\frac{\partial U}{\partial z}\right]_\eta^H \tag{10.14}$$

ここで式(10.9) と式(10.10) より

$$W|_H = \frac{\partial H}{\partial t} + U|_H\frac{\partial H}{\partial x} + V|_H\frac{\partial H}{\partial y} \tag{10.15}$$

$$W|_\eta = \frac{\partial \eta}{\partial t} + U|_\eta\frac{\partial \eta}{\partial x} + V|_\eta\frac{\partial \eta}{\partial y} \tag{10.16}$$

これらを式(10.14) の 2 行目と 3 行目に代入すると，この二つの行はいずれも 0 となる。

つぎに式(10.13) の第 3 項を考えよう。水面（$z = H$）と底面（$z = \eta$）では，それぞれ

$$(\nu + \nu_t)\frac{\partial U}{\partial z}\bigg|_H = 0\left(\because \frac{\partial U}{\partial z}\bigg|_H \fallingdotseq 0\right) \tag{10.17}$$

$$(\nu + \nu_t)\frac{\partial U}{\partial z}\bigg|_\eta \fallingdotseq \nu\frac{\partial U}{\partial z}\bigg|_\eta = \frac{\tau_{0x}}{\rho} \tag{10.18}$$

となる。

したがって式(10.13) は，次式のようにまとめられる。

$$\frac{\partial}{\partial t}\left(\int_\eta^H U dz\right) + \frac{\partial}{\partial x}\left(\int_\eta^H U^2 dz\right) + \frac{\partial}{\partial y}\left(\int_\eta^H UV dz\right) = ghi_o - gh\frac{\partial h}{\partial x} - \frac{\tau_{0x}}{\rho}$$

(10.19)

ここで水深平均値を $\bar{U} \equiv \dfrac{1}{h}\displaystyle\int_\eta^H U dz,\ \overline{U^2} \equiv \dfrac{1}{h}\displaystyle\int_\eta^H U^2 dz,\ \overline{UV} \equiv \dfrac{1}{h}\displaystyle\int_\eta^H UV dz$ と定義

すると，x 方向の浅水方程式が得られる。y 方向も同様に得られ，これらは
式(10.20) および式(10.21) で表せる。

$$\frac{\partial h\bar{U}}{\partial t} + \frac{\partial h\overline{U^2}}{\partial x} + \frac{\partial h\overline{UV}}{\partial y} = ghi_o - gh\frac{\partial h}{\partial x} - \frac{\tau_{0x}}{\rho}$$

(10.20)

$$\frac{\partial h\bar{V}}{\partial t} + \frac{\partial h\overline{UV}}{\partial x} + \frac{\partial h\overline{V^2}}{\partial y} = -gh\frac{\partial \eta}{\partial y} - gh\frac{\partial h}{\partial y} - \frac{\tau_{0y}}{\rho}$$

(10.21)

　各方向の**底面せん断応力** (bed shear stress) は，抵抗係数 C_f を経験的に用い
て次式で評価することが多い。

$$\tau_{0x} = \rho C_f\sqrt{U^2 + V^2}\,\bar{U},\quad \tau_{0y} = \rho C_f\sqrt{U^2 + V^2}\,\bar{V}$$

(10.22)

〔2〕連　続　式

時間平均場の連続式は次式で表せる。

$$\frac{\partial U}{\partial x} + \frac{\partial V}{\partial y} + \frac{\partial W}{\partial z} = 0$$

(10.23)

これを z 方向に積分すると

$$\int_\eta^H \frac{\partial U}{\partial x}dz + \int_\eta^H \frac{\partial V}{\partial y}dz + \int_\eta^H \frac{\partial W}{\partial z}dz = 0$$

(10.24)

と表せる。ライプニッツ則を用いると

$$\frac{\partial}{\partial x}\left(\int_\eta^H U dz\right) + \frac{\partial}{\partial y}\left(\int_\eta^H V dz\right)$$

$$-\left(U|_H\frac{\partial H}{\partial x} + V|_H\frac{\partial H}{\partial y} - W|_H\right) + \left(U|_\eta\frac{\partial \eta}{\partial x} + V|_\eta\frac{\partial \eta}{\partial y} - W|_\eta\right) = 0$$

(10.25)

式(10.25) の左辺第 3 項および第 4 項に運動学的境界条件を適用すると，それぞれ $\dfrac{\partial H}{\partial x}$，$-\dfrac{\partial \eta}{\partial x}$ となる。よって，次式の浅水流の連続式が得られる。

$$\frac{\partial h}{\partial t}+\frac{\partial}{\partial x}\left(\int_{\eta}^{H} U dz\right)+\frac{\partial}{\partial y}\left(\int_{\eta}^{H} V dz\right)=0 \;\leftrightarrow\; \frac{\partial h}{\partial t}+\frac{\partial h\bar{U}}{\partial x}+\frac{\partial h\bar{V}}{\partial y}=0$$

$$(10.26)$$

式(10.21)，式(10.22)，式(10.26) を数値的に差分解法すれば，$h(x, y, t)$，$\bar{U}(x, y, t)$，$\bar{V}(x, y, t)$ が求まる。

10.2.3　非定常ベルヌーイ式の導出

図 **10.4** に示す幅 $2B$ の開水路を考える。式(10.20) を $-B \sim B$ で y 方向に積分すると

$$\int_{-B}^{B}\frac{\partial h\bar{U}}{\partial t}dy+\int_{-B}^{B}\frac{\partial h\bar{U}^{2}}{\partial x}dy+\int_{-B}^{B}\frac{\partial h\overline{UV}}{\partial y}dy$$

$$=ghi_{o}\int_{-B}^{B}dy-gh\int_{-B}^{B}\frac{\partial h}{\partial x}dy-\int_{-B}^{B}\frac{\tau_{0x}}{\rho}dy \qquad (10.27)$$

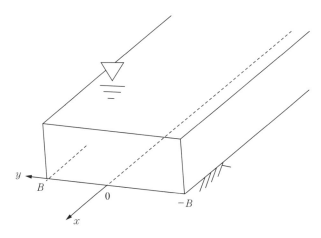

図 **10.4**　一定幅をもつ開水路の座標系

と表せる。ここで y 方向の変化は x 方向よりも小さいとして $\dfrac{\partial h}{\partial x}$ は y 方向に一定とし，τ_{0x} を τ_0 に置き換える。ライプニッツ則を左辺第 1 項および第 2 項に適用すると

$$\frac{\partial}{\partial t}\left(\int_{-B}^{B} h\bar{U}dy\right) + \frac{\partial}{\partial x}\left(\int_{-B}^{B} h\overline{U^2}dy\right)$$

$$-\frac{\partial B}{\partial t}(h\bar{U})|_B - \frac{\partial B}{\partial x}(h\overline{U^2})|_B + (h\overline{UV})|_B$$

$$-\frac{\partial(-B)}{\partial t}(h\bar{U})|_{-B} + \frac{\partial B}{\partial x}(h\overline{U^2})|_{-B} - (h\overline{UV})|_{-B}$$

$$= g(2B)hi_o - gh(2B)\frac{\partial h}{\partial x} - \frac{2B}{\rho}\tau_0 \tag{10.28}$$

式(10.28) の 2 行目と 3 行目は運動学的条件より 0 となる。また $B \gg h$ として $2B \cong s$ とする。さらに $\displaystyle\int_{-B}^{B} h\bar{U}dy = A\langle U\rangle$，$\displaystyle\int_{-B}^{B} h\overline{U^2}dy = A\langle U\rangle^2$ とすると式(10.28) は

$$\frac{\partial A\langle U\rangle}{\partial t} + \frac{\partial A\langle U\rangle^2}{\partial x} = -gA\frac{\partial(\eta+h)}{\partial x} - \frac{\tau_0}{\rho}s \tag{10.29}$$

となる。なお $\langle U\rangle$ は断面平均流速である。

連続式も同様に積分して

$$\frac{\partial A}{\partial t} + \frac{\partial A\langle U\rangle}{\partial x} = 0 \tag{10.30}$$

と表せる。式(10.29) を変形すると

$$A\left(\frac{\partial\langle U\rangle}{\partial t} + \langle U\rangle\frac{\partial\langle U\rangle}{\partial x}\right) + \langle U\rangle\left(\frac{\partial A}{\partial t} + \frac{\partial A\langle U\rangle}{\partial x}\right) = -gA\frac{\partial(\eta+h)}{\partial x} - \frac{\tau_0}{\rho}s \tag{10.31}$$

式(10.30) より，式(10.31) の左辺第 2 項は 0 となる。よって

$$A\left(\frac{\partial\langle U\rangle}{\partial t} + \langle U\rangle\frac{\partial\langle U\rangle}{\partial x}\right) = -gA\frac{\partial(\eta+h)}{\partial x} - \frac{\tau_0}{\rho}s \tag{10.32}$$

と表せる。これを整理すると次式となる。

$$\frac{1}{g}\frac{\partial \langle U \rangle}{\partial t} + \frac{\partial}{\partial x}\left(\frac{\langle U \rangle^2}{2g} + h + \eta\right) + \frac{\tau_0}{\rho g R} = 0 \tag{10.33}$$

　定常かつエネルギー損失がなければ，第1項と第3項は消去できるので，$\frac{\langle U \rangle^2}{2g} + h + \eta$ は流下方向に一定となる。図 10.3 に示す基準面からの高さ z の点 × について $h + \eta = \frac{P}{\rho g} + z$ である。つまり，$\frac{\langle U \rangle^2}{2g} + \frac{P}{\rho g} + z$ は一定となり，これはベルヌーイ式である。式(10.33) で第3項のみ消去した場合，**非定常ベルヌーイ式**（unsteady Bernoulli's equation）となる。なお，渦なし条件の下では，場全体を対象にした非定常流れにおけるベルヌーイ式が得られるが，ここでは省略する。例えば文献1）を参考にされたい。

参　考　文　献

1）日野幹夫：流体力学，朝倉書店（1992）

11章　層　流　と　乱　流

11.1　層流と乱流について

　5.2.2項で説明したようにレイノルズ数（Re）は流体運動の粘性力に対する慣性力の比である。Re が小さいと慣性力よりも粘性力の影響が大きくなる。粘性力はせん断摩擦のことで，例えば外乱によって突発的に高速な流れが局所的に発生しても，周囲の遅い流れに引きずられる。その結果，外部刺激を受けても流れ場全体が規則正しい安定した状態になる。これが層流である。有名なレイノルズの実験では管路に注入された染料が流下とともに周囲に拡散せず線状を保つ。一方で Re が大きいと粘性力よりも慣性力が強く，流体は自由に動きやすくなる。小さな外乱や刺激によって流れ場全体が乱される。レイノルズの実験では，流下とともに染料が大きく揺らぎ，ついには渦を伴い周囲の流体と混合する。これが乱流である。乱流は日常の身近なところでも観察される。**図11.1** に示す線香の煙を考えよう。高温の煙は浮力により上昇する。このとき煙と周囲の空気には速度差がある。線香の直近では線状に上昇する煙がある高さから揺らいで，横方向の大きな変動を伴いながら上昇を続ける。視覚的には不規則な運動にみえる。

線香

図 11.1　上昇する煙にみられる乱流

11.2 乱流の基本的特性

11.2.1 乱 流 の 性 質

乱流は層流と比べてはるかに扱いが難しいが，これまで多くの重要な知見が得られている。ここで代表的なものを紹介する。

〔1〕不 規 則 性

乱流は不規則な運動を伴うので，決定論的な議論や解決が難しい。そのため統計手法に頼ることが多い。11.3.2 項で説明する**レイノルズ平均**（Reynolds averaging）がその代表例である。対象とする乱流場の特性を知るために，一般に，ランダムにみえる運動から平均値と変動強度を解析する。ただし，13.6 節で説明する**バースティング**（bursting）と呼ばれる規則的な構造の存在も知られている。

〔2〕拡 散 特 性

乱流によって熱・濃度・運動量等の拡散（輸送）が活発化する。コーヒーにミルクを溶かす例が有名でわかりやすい。そのままミルクを溶かす場合に比べて，スプーンでかき混ぜると短時間でミルクとコーヒーは混合する。スプーンによって，強制的に作り出された乱れや渦が拡散と混合を促進する。**図 11.2**は，初期時刻にコーヒーカップの中心に点源として存在する濃度 C のミルクの

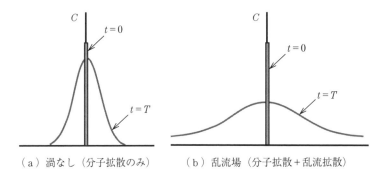

（a）渦なし（分子拡散のみ）　　（b）乱流場（分子拡散＋乱流拡散）

図 11.2 乱流による拡散の効果

空間的な拡散をスケッチしたものである。図(a)は乱れがなく分子拡散のみの場合,図(b)は乱れが存在する場合である。同一時刻 $t=T$ においては,乱れがある場合のほうがより遠方までミルク濃度が拡散される。つまり**乱流拡散**(turbulent diffusion)によって拡散速度スケールは大きく,拡散時間スケールは小さくなるといえる。乱流拡散は,実務的にも重要テーマである。11.2.3項で具体例を考える。

〔3〕3 次 元 性

一般に乱流は3次元性を有する。**図11.3**に示すように,渦は渦管と呼ばれるチューブのような立体構造をもつ。これが周囲の流れと相互作用して,伸張または圧縮される。ただし地球スケールの気象,海象や広域な洪水氾濫を扱う場合には,実用性を重視して平面2次元で近似あるいはモデル化して考えることが多い。一方で一様な開水路流れでは,底面で生成する乱れの水深方向の輸送拡散に注目するので,鉛直2次元場として考える。

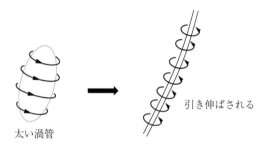

太い渦管　　　　　　　　引き伸ばされる

図11.3　渦 の 伸 張

〔4〕エネルギー散逸特性

時間平均的な流速場において流速分布の勾配があれば,粘性によってせん断応力が発生し流体要素の変形が促進され,渦が生成される。渦生成のために乱流中の流体要素は仕事し,その結果,消費された運動エネルギーは熱に変換される。

〔5〕マルチスケール性

乱流中の大きな渦は,**図11.4**に示すように段階的に小さな渦に分裂し最小

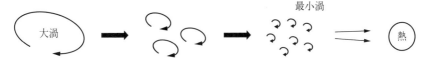

図11.4 乱流のマルチスケール性とカスケード過程

スケールの渦となる。最小渦は熱に変わる。そのため，大小さまざまな渦が混在する。これをカスケード過程と呼ぶ。

11.2.2 乱流の発生

乱流は，流れのベースとなる時間平均流成分と乱れ成分に分解できる（11.3.2 項参照）。時間平均流が垂直方向に**流速シア**（velocity shear）と呼ばれる空間勾配をもてば，時間平均場から乱れ成分へエネルギーが供給される。したがって，流速シアがみられる領域では大きな乱れが観測されやすい。**図11.5**に流速シアが生じる流れの例を示す。（ a ）境界層（壁面乱流），（ b ）混合層（高速・低速流の混合），（ c ）後流（円柱をよぎる流れ）が代表的なものである。実河川では，底面や側壁で（ a ）境界層が，二河川の合流部で（ b ）混合層が，橋脚背後で（ c ）後流が形成される。これらの領域では局所的に大きな乱れが観測される。

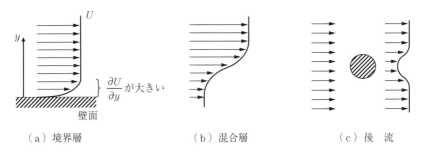

図11.5 流速シアが生じる流れの例

流速シアはせん断不安定（流れがユラユラして安定しない）を招く。層流でも流速シアがあれば，乱流に遷移する可能性がある。この機構は線形安定理論により説明される。これらのトピックスは 11.6.3 項にて詳述する。

11.2.3 乱 流 の 拡 散

〔1〕分 子 拡 散

具体的な拡散現象を考えるために，**図 11.6** に示すような密閉された穏やか
な室内の暖房について考える。まず 1 次元の熱の拡散方程式は

$$\frac{\partial \theta}{\partial t} = \gamma \frac{\partial^2 \theta}{\partial x^2} \tag{11.1}$$

である。ここで，θ は温度，γ は熱拡散率（熱の伝わりやすさ）である。ここ
で密閉された室内のストーブによる熱拡散を取り上げ，T_m を分子拡散の時間
スケール（室内全体に熱が伝わる大よその時間），L を代表長さスケール（室内
の奥行長さ）とする。

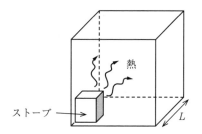

図 11.6 熱 の 拡 散

式(11.1) を次元解析すれば，T_m のオーダーは，L と γ を用いて

$$T_m \sim \frac{L^2}{\gamma} \tag{11.2}$$

と表せる。具体的に $\gamma = 0.20 \text{ cm}^2/\text{s}$, $L = 5 \text{ m}$ とすると $T_m \sim 10^6 \text{ s}$ となる。つまり
100 時間オーダーもかかる。乱流が関係しない分子拡散では，部屋中が温まる
のに長時間必要であることがわかる。

〔2〕乱 流 拡 散

つぎにサーキュレータ等で室内の空気がかき乱された状態を考える。乱流の
効果を加味したモデル的な拡散係数として渦拡散係数 K を導入する。式(11.1)
を参考に熱拡散方程式は次式で表せる。

$$\frac{\partial \theta}{\partial t} = K \frac{\partial^2 \theta}{\partial x^2} \tag{11.3}$$

乱流拡散の代表時間スケールを T_t とすると，式(11.3) より

$$T_t \sim \frac{L^2}{K} \tag{11.4}$$

となる。さらに T_t は，u を拡散の代表速度（拡散域が広がっていく速さのようなもの）として

$$T_t \sim \frac{L}{u} \tag{11.5}$$

となる。式(11.4) と式(11.5) より**乱流拡散係数**（turbulent diffusion coefficient）K は

$$K \sim uL \tag{11.6}$$

と表せる。つぎに K，γ および動粘性係数 ν の関係を調べる。まず，空気のような気体の場合，$\gamma \sim \nu$ であることがわかっているので

$$\frac{K}{\gamma} \simeq \frac{K}{\nu} \sim \frac{uL}{\nu} = \mathrm{Re} \ \leftrightarrow \ K \sim \mathrm{Re}\gamma \tag{11.7}$$

となり，乱流拡散係数はレイノルズ数に比例することがわかる。つまり流れ場の乱れが大きいほど，拡散が促進される。なお熱拡散係数と動粘性係数の比 $\mathrm{Pr} \equiv \frac{\nu}{\gamma}$ は**プラントル数**（Prandtl number）で，空気で 0.7，水で 7 程度である。

11.2.4 乱流のスケーリング事例

乱流は複雑な流体現象であるが，現象を特徴づける速度，時間，長さの尺度を使って，その本質をうまく説明することができる。定常な非圧縮のナビエ・ストークス方程式は次式のように表せる（9.5 節参照）。

$$\underbrace{\widetilde{u}_j \frac{\partial \widetilde{u}_i}{\partial x_j}}_{\text{(移流項)}} = -\frac{1}{\rho}\frac{\partial \widetilde{p}}{\partial x_i} + \underbrace{\nu \frac{\partial^2 \widetilde{u}_i}{\partial x_j \partial x_j}}_{\text{(粘性項)}} \tag{11.8}$$

これに基づいて，以下で**層流境界層**（laminar boundary layer）と**乱流境界層**（turbulent boundary layer）についてスケーリングする。なお**境界層**（boundary layer）とは，平板上の流れに形成される粘性による速度の減衰領域のことである（11.4〜11.6節参照）。境界層の上部は流れが一様（free-stream と呼ばれる）となる。

〔1〕層流境界層の場合

速度 U の一様流中に長い平板を設置すると先端から境界層が発達する。**図 11.7** に示すように板先端付近では境界層の内部は乱れずに層流となる。先端からの距離 L の地点を考え，そこでの**境界層厚さ**（boundary layer thickness）を l とする。

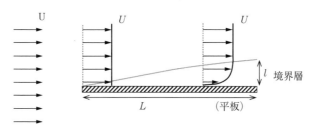

図 11.7 層流境界層のスケールパラメータ

現象の代表長さスケールを L，代表速度スケールを U として，移流項のスケールを U^2/L，粘性項のスケールを $\nu U/L^2$ と表してみる。この場合，（移流項）／（粘性項）$= UL/\nu = $ Re とレイノルズ数となる。層流でも Re が 100〜1 000 くらいのオーダーをもつので粘性の影響は小さくなる。しかし粘性が卓越する層流境界層では，このスケーリングは現実的ではない。

そこで粘性項の代表長さを L より小さな l に変更してみる。改めて移流項は U^2/L，粘性項は $\nu U/l^2$ と表せる。層流なのでこれらが同オーダーになるとすると

$$\frac{U^2}{L} \sim \nu \frac{U}{l^2} \rightarrow \frac{l}{L} \sim \left(\frac{\nu}{UL}\right)^{1/2} = \mathrm{Re}^{-1/2} \tag{11.9}$$

となる。これより境界層の相対厚さは，Re の平方根に反比例することがわかる。

〔2〕乱流境界層の場合

板の先端からある程度流下方向に進むと，**図 11.8** に示すように境界層の内

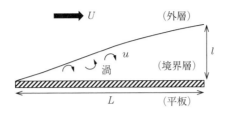

図 11.8 乱流境界層のスケールパラメータ

部は乱流状態に遷移する。

そこで，渦の代表速度（渦の回転速度のようなイメージ）u を導入する。さらに，拡散と対流の時間スケールのオーダーが等しいと仮定する。乱流による拡散の時間スケールは，渦によって物質が境界層の底から上端まで運ばれる時間と考えて l/u，対流による時間スケールは，渦が距離 L だけ進む時間と考えて L/U とする。つまり $l/u \sim L/U$ と書ける。これを変形して

$$l/L \sim u/U \tag{11.10}$$

と表される。これが乱流境界層のスケール関係である。実験から広い範囲のレイノルズ数で，$l/L \sim u/U \sim 1/30$（10^{-2} のオーダー）が成り立つことがわかっている。

一方，式(11.9) から層流では $l/L \sim \mathrm{Re}^{-1/2}$ なので，**図 11.9** に示すように，層流から乱流に遷移する際には，境界層の成長率が大きくなることがわかる。

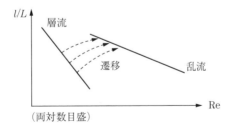

図 11.9 無次元境界層厚さとレイノルズ数の関係

11.2.5 マルチスケール特性と最小渦

ナビエ・ストークス方程式の移流項に含まれる非線形は小スケール運動の生

成，つまり渦の分裂を引き起こす。このとき大きな渦から小さな渦へエネルギーが供給される（**図11.10**）。このエネルギー供給率を**乱れエネルギー散逸率**（turbulent energy dissipation rate）と呼び ε と書く。しかし，粘性のため，運動できる無限に小さな渦は存在し得ない。つまり最小渦が存在する。ここで最小渦の大きさを考えてみる。

大きな渦

エネルギー
供給

熱

図11.10　大渦から小渦へのエネルギー供給

小スケール運動はつぎの二つのパラメータによって支配されると仮定する。
・単位質量当りのエネルギー散逸率 $\varepsilon\,[\mathrm{m^2 s^{-3}}]$
・動粘性係数 $\nu\,[\mathrm{m^2 s^{-1}}]$
これらの単位を考えて，式(11.11)〜式(11.13) のように最小の渦スケールを定義する。これらを**コルモゴロフスケール**（Kolmogorov scale）と呼ぶ。

$$最小渦の長さ（径）\qquad \eta \equiv (\nu^3/\varepsilon)^{1/4} \tag{11.11}$$

$$最小渦の時間（周期）\qquad \tau \equiv (\nu/\varepsilon)^{1/2} \tag{11.12}$$

$$最小渦の速度\qquad \upsilon \equiv (\nu\varepsilon)^{1/4} \tag{11.13}$$

動粘性係数 ν は物性値で既知だが，ε はどのようにして算定すればよいか。ここで大スケール渦の運動から ε を推定してみる。まず，「大きな渦から小さな渦へのエネルギー供給率」が「大きな渦の時間スケール（周期に相当）の逆数」に比例すると仮定する。

　この大胆な仮定の下で，大きな渦のもつ単位質量当りの運動エネルギーは u^2 とする。そのうち，小スケールへ供給されるエネルギーの割合は，u/l（1/s）と考える。したがって，大渦から小渦へのエネルギー供給量は，$u^2 \times (u/l) = u^3/l$ とおける。これが乱れエネルギー散逸率と等しいと考えて

$$\varepsilon \sim u^3/l \tag{11.14}$$

の関係が得られる。それぞれの最小スケールを無次元化してみると

$$\eta/l \sim (ul/\nu)^{-3/4} = \mathrm{Re}^{-3/4} \quad \rightarrow \quad 最小渦径／境界層厚 \tag{11.15}$$

$$\tau/t \sim \tau u/l = (ul/\nu)^{-1/2} = \mathrm{Re}^{-1/2} \quad \rightarrow \quad 最小渦の周期／平均的な乱流渦の$$
周期 (11.16)

$$v/u \sim (ul/\nu)^{-1/4} = \mathrm{Re}^{-1/4} \quad \rightarrow \quad 最小渦の速度／平均的な乱流渦の速度$$
(11.17)

となる。これらから，最小渦スケールは，境界層内の平均的な渦よりもはるかに小さいことがわかる。

11.3　乱 流 の 運 動

11.3.1　エネルギー勾配と流速の関係

3章や4章で学んだように，ある点の流体エネルギーは，流下とともに減少する。その減少分を損失水頭と呼んだ。ここでは**図 11.11** のように一定管径の水平管路を考える。単位距離当りの損失水頭がエネルギー勾配 I_e である。管路は圧力勾配（上流側に高い圧力をかける）で流れるので，上流側よりも下流側の検査面では圧力降下する。流速は流下方向に変わらないとすると，結局，ベルヌーイの定理より

$$\frac{P_1 - P_2}{\rho g} = h_L \quad \leftrightarrow \quad \frac{P_1 - P_2}{\rho g}/L = h_L/L (= I_e) \tag{11.18}$$

となる。つまり，左辺の圧力勾配は I_e に等しい。管路で高速の流れを作るためには，圧力勾配を大きくする必要がある。式(11.18) より，流れが速いほど I_e が大きくなる。実際に実験から**図 11.12** のような結果が得られるが，層流と乱流で対応関係に差異があることが重要である。乱流になると U のべき乗に比例する。これは乱流では，圧力勾配を精一杯与えても，層流ほど流速の増加があまり期待できないことを意味する。つまり，乱流は層流に比べて圧力勾配に対する抵抗が余分に発生する。乱流渦の生成により抵抗が過剰になるともいえる。

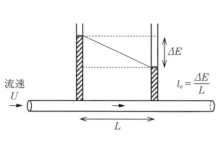

図 11.11 管路のエネルギー勾配

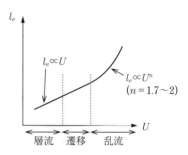

図 11.12 層流と乱流のエネルギー勾配の違い

11.3.2　乱流の運動方程式（RANS 方程式）

粘性流体の運動方程式である式(9.17) のナビエ・ストークス方程式を再記する。

$$\frac{\partial \widetilde{u}_i}{\partial t} + \widetilde{u}_j \frac{\partial \widetilde{u}_i}{\partial x_j} = -\frac{1}{\rho}\frac{\partial \widetilde{p}_i}{\partial x_i} + \nu \frac{\partial^2 \widetilde{u}_i}{\partial x_j \partial x_j} + \widetilde{f}_i \quad (i, j = 1, 2, 3) \tag{11.19}$$

注意すべき点は，この式は瞬間流速を記述していることである。変数上部についている波形記号は瞬間値を意味する。瞬間流速は**図 11.13** のように時間変動するので，流れの特性を定量評価する際には不便である。そこで式(11.20) および式(11.21) のように，瞬間値を時間平均とその偏差に分解する。これを**レイノルズ分解**（Reynolds decomposition）という。

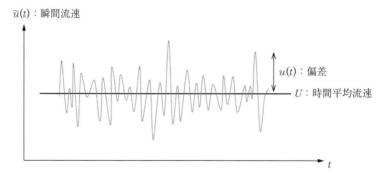

図 11.13 瞬間流速の時間変動と平均値からの偏差

$$\tilde{u}_i(t) = U_i + u_i(t) \tag{11.20}$$

$$\tilde{p}(t) = P + p(t) \tag{11.21}$$

式(11.20) と式(11.21) を，式(11.19) のナビエ・ストークス方程式に代入して，瞬間値を消去する。さらに各項に時間平均操作を施し，F_i を時間平均された外力とすると，次式が得られる（詳細な式展開は付録 A.5 を参照）。

$$\frac{\partial U_i}{\partial t} + U_j \frac{\partial U_i}{\partial x_j} = -\frac{1}{\rho}\frac{\partial P}{\partial x_i} + \nu \frac{\partial^2 U_i}{\partial x_j \partial x_j} + \frac{\partial(-\overline{u_i u_j})}{\partial x_j} + F_i \quad (i,j = 1, 2, 3)$$

$$\tag{11.22}$$

式(11.22) を **RANS 方程式** (Reynolds–averaged Navier Stokes equation) と呼び，時間平均値 U_i, P が未知変数となる。しかし，右辺第 3 項に偏差の項が生じるため，式(11.22) は閉じない。なお，右辺第 3 項の上付きバーは時間平均操作を意味する。この中の，$-\overline{u_i u_j}$ を**レイノルズ応力** (Reynolds stress) と呼ぶ。

11.3.3　レイノルズ応力

レイノルズ応力とは，どういうものであろうか。もし層流であれば，乱れの偏差は 0 なので，レイノルズ応力も当然 0 となる。その結果，式(11.22) の右辺第 3 項はなくなり，ナビエ・ストークス方程式の瞬間値を平均値で置き換えたものが計算対象となる。また，レイノルズ応力は乱流において，重要な役割をもつ。応力と呼んでいるわけだから力の一種である。よって運動量の変化と関係すると予想できる。つまり，"運動量の時間変化＝力積"である。

ここで**図 11.14**(a)のように鉛直 2 次元乱流の境界層を考える。2 次元 $(i, j = 1, 2)$ なので，わかりやすく $(x-y, u-v)$ 表記にする。x が主流，y が鉛直方向である。レイノルズ応力は乱れの偏差成分 (u, v) を使って，$-\overline{uv}$ と書ける。境界層の底面近くでは，平均流速の勾配 $\partial U/\partial y$ が大きく，流れが不安定となり，揺らぎや横断軸をもつ渦が生じる。

このとき，ある高さ点 b に注目する。点 b より少し底面側の点 a で，突発的に上昇流が発生したとする。点 a は点 b よりも平均流速が遅いことを考慮すると，点 b においては，点 b の平均流速よりも統計的に遅い流体が底から輸送

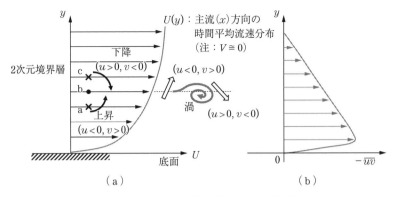

図11.14　底面の流速勾配とレイノルズ応力

（上昇）することになる。つまり，遅い流体の塊が点aから点bに到達すると，流速の偏差は（$u<0$, $v>0$）となろう。ここで鉛直方向の時間平均流速成分は$V\cong0$とする。

　一方で点bよりも壁面から離れた点cで，突発的に下降流が生じるとする。上の説明と同様に，点bでは高速の下降流が通過するので，このタイミングで流速計測を行うと，流速の偏差は（$u>0$, $v<0$）となる。

　渦と関連づけるとすれば，渦先端の下降流，後端の上昇流に対応する。偏差の積はマイナスとなるため，結局$-\overline{uv}>0$となり，実験でも図11.14（b）のような分布が確認されている。理論的にも示されている（13.2節参照）。

　最後に運動量変化と結びつける。ここで鉛直方向の時間平均成分は主流に比べて小さいため$V=0$とする。また，変動成分（u,v）の時間平均は0になる。

　単位時間に任意高さの面を鉛直方向に通過する流体の質量は$\rho\tilde{v}=\rho(V+v)$ $=\rho v$である。流速は$\tilde{u}=U+u$なので，任意高さの面を通過する運動量は$\rho\tilde{v}\tilde{u}$ $=\rho v(U+u)$となる。運動量は正と負値どちらもとり得る。これを長時間平均すれば，任意高さ面の運動量の増減分（変化分）が計算できる。十分長い時間Tで平均してみると

$$\frac{1}{T}\int_0^T\rho v(U+u)dt=\frac{1}{T}\int_0^T\rho vUdt+\frac{1}{T}\int_0^T\rho uvdt$$

$$= \frac{\rho U}{T} \int_0^T v \, dt + \frac{\rho}{T} \int_0^T uv \, dt = 0 + \rho \overline{uv} = \rho \overline{uv}$$

となる。これからレイノルズ応力は，確かに運動量の変化に対応することがわかる。

11.3.4　渦動粘性モデル

レイノルズ応力を計測することは可能だが，レーザー流速計などの非接触の高性能機器が必要となる。したがって，一般に平均流速などの計測しやすい水理量でモデル化される。

せん断応力 τ_{ij} は，式(9.4) より $\dfrac{\tau_{ij}}{\rho} = \nu \left(\dfrac{\partial U_i}{\partial x_j} + \dfrac{\partial U_j}{\partial x_i} \right)$ と表す。これは瞬間流速についても成り立つ。前項の議論より，レイノルズ応力はせん断場（流速に勾配がある流れ場）で，運動量交換に寄与することより，レイノルズ応力も一種のせん断応力と仮定し，同様に，$\dfrac{-\overline{uv}}{\rho} = \nu_t \left(\dfrac{\partial U_i}{\partial x_j} + \dfrac{\partial U_j}{\partial x_i} \right)$ と表す。ここで ν_t は**渦動粘性係数**（eddy viscosity）と呼ぶ。この仮定より，式(11.22) は

$$\frac{\partial U_i}{\partial t} + U_j \frac{\partial U_i}{\partial x_j} = F_i - \frac{1}{\rho} \frac{\partial P}{\partial x_i} + (\nu + \nu_t) \frac{\partial^2 U_i}{\partial x_j \partial x_j} \quad (i, j = 1, 2, 3) \qquad (11.23)$$

となり，動粘性係数 ν を ν_t だけ増加させることで乱流の効果を組み込んでいる。

これで未知数が時間平均成分だけになり方程式が完結したようにみえるが，ν_t の扱いを考えなければいけないので，未完結である。結局，ここでまたモデル化が必要となる。このモデルを**乱流モデル**（turbulence model）と呼ぶ。経験的に，ν_t に一定値を与える**0方程式モデル**（zero-equation model）や，次元解析や実験との比較より $\nu_t = 0.09 \dfrac{k^2}{\varepsilon}$ とする **k-ε モデル**（k-ε model）が有名である。ただし**乱れエネルギー**（turbulent kinetic energy）k と乱れエネルギー散逸率 ε の二つの輸送方程式と式(11.23) とは別に解く必要がある。

11.4 境界層理論 1 ―壁面の影響がどこまで及ぶか？―

11.4.1 レイリーの問題（一定速度で動き出す平板上の流れ）

図 **11.15** に示す無限に長い板が瞬時に一定速度 U_0 で動き出す 2 次元場を考える。これは**レイリーの問題**（Rayleigh problem）と呼ばれる。板表面を原点として垂直に y 軸をとる。板の表面では粘性摩擦力が作用し，板が周囲流体を引っ張る → $\tilde{u} = U_0$ $(y = 0)$。一方である程度，板から離れると粘性が影響しない→ $\tilde{u} = 0$ $(y \to \infty)$。

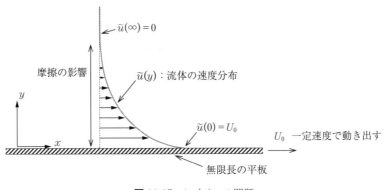

図 11.15 レイリーの問題

この現象において，粘性摩擦の影響は，板からどれくらい遠くまで及ぶのだろうか？ ナビエ・ストークス方程式を用いて解析してみる。ナビエ・ストークス方程式を簡略化するが，現象は非定常なので，非定常項は省略できない。少なくとも x 方向に現象は変化しないので，$\partial/\partial x = 0$ とできる。また鉛直方向の流速 $\tilde{v} = 0$ とする。すなわち，ナビエ・ストークス方程式は次式のように書き換えられる。

$$\frac{\partial \tilde{u}}{\partial t} = \nu \frac{\partial^2 \tilde{u}}{\partial y^2} \tag{11.24}$$

ここで境界条件（B.C.）は

$t \leq 0, \quad \widetilde{u} = 0 (y \geq 0)$

$t > 0, \quad u = U_0 (y = 0)$

$t > 0, \quad u = 0 (y = \infty)$

となる。また，$\widetilde{u}(y, t)$ のとおり，流速は y, t の2変数関数であることに注意する必要がある。ここで，y, t をつなげるため，新しく

$$\eta = \frac{y}{2\sqrt{\nu t}} \tag{11.25}$$

を導入する。さらに無次元流速分布を表す関数である

$$f(\eta) = \frac{\widetilde{u}}{U_0} \tag{11.26}$$

を定義する。時空間 $(y-t)$ に分布する $\widetilde{u}$ を一つの関数 f，一つの変数 η で表示することを意味する。つぎに f に関する微分方程式を導く。まず式(11.25) より $\dfrac{\partial \eta}{\partial t} = -\dfrac{y}{4\sqrt{\nu}} t^{-3/2}, \ \dfrac{\partial \eta}{\partial y} = \dfrac{1}{2\sqrt{\nu t}}$ である。これらを使って

$$\frac{\partial \widetilde{u}}{\partial t} = U_0 \frac{\partial f}{\partial t} = U_0 \frac{df}{d\eta} \frac{\partial \eta}{\partial t} = -U_0 \frac{f'y}{4\sqrt{\nu}} t^{-3/2}$$

$$\nu \frac{\partial^2 \widetilde{u}}{\partial y^2} = \nu U_0 \frac{\partial}{\partial y}\left(\frac{\partial f}{\partial y}\right) = \nu U_0 \frac{\partial}{\partial y}\left(\frac{df}{d\eta} \frac{\partial \eta}{\partial y}\right)$$

$$= \nu U_0 \frac{1}{2\sqrt{\nu t}} \frac{\partial}{\partial y}\left(\frac{df}{d\eta}\right) = \nu U_0 \frac{1}{2\sqrt{\nu t}} \frac{d}{d\eta}\left(\frac{df}{d\eta}\right) \frac{\partial \eta}{\partial y}$$

$$= \nu U_0 \left(\frac{1}{2\sqrt{\nu t}}\right)^2 f'' = \frac{U_0}{4t} f''$$

となる。ここで，$f' = \dfrac{\partial f}{\partial \eta} = \dfrac{df}{d\eta}$ である。これらを式(11.24) に代入すると

$$-U_0 \frac{f'y}{4\sqrt{\nu}} t^{-3/2} = \frac{U_0}{4t} f'' \ \leftrightarrow \ \frac{y}{\sqrt{\nu t}} f' + f'' = 0 \ \leftrightarrow \ f'' + 2\eta f' = 0$$

$$\tag{11.27}$$

となる。2階常微分方程式の式(11.27) を，境界条件 (B.C.) $f(0) = 1, f(\infty) = 0$

の下で解く。まず，$2\eta = \dfrac{-f''}{f'} = -\dfrac{d(\ln f')}{d\eta}$ のように変形する。これを積分すれ

ば，$-\eta^2 = \ln f' + C_1 \leftrightarrow f' = e^{-\eta^2 - c_1} \leftrightarrow f' = C_2 e^{-\eta^2}$ となる。ここで C_1, C_2 は積分

定数である。つぎにこれを 0 から η まで積分して

$$f(\eta) = C_2 \int_0^\eta e^{-\eta^2} d\eta + C_3 \tag{11.28}$$

が得られる。ただし，C_3 は積分定数である。B.C. より $f(0) = 1 \to C_3 = 1$ となる。

つぎに $f(\infty) = 0$ より，$0 = C_2\left(\dfrac{\sqrt{\pi}}{2}\right) + 1$ となり，$C_2 = \dfrac{-2}{\sqrt{\pi}}$ が得られる。C_2 の計算

過程では，ガウスの積分公式 $\displaystyle\int_{-\infty}^\infty e^{-\alpha x^2} dx = \sqrt{\dfrac{\pi}{\alpha}}$，$\displaystyle\int_0^\infty e^{-\alpha x^2} dx = \dfrac{1}{2}\sqrt{\dfrac{\pi}{\alpha}}$ を用い

た。よって式(11.28) は $f(\eta) = -\dfrac{2}{\sqrt{\pi}} \displaystyle\int_0^\eta e^{-\eta^2} d\eta + 1$ となる。さらにこれから

$$\tilde{u}(y, t) = U_0(1 - erf(\eta)) \tag{11.29}$$

が得られる。ここで誤差関数 $erf(\eta) = \dfrac{2}{\sqrt{\pi}} \displaystyle\int_0^\eta e^{-\eta^2} d\eta$ を用いた。式(11.29) のよ

うに，流速の時空間分布が得られた。これを t_1 と t_2 の時刻ごとに描くと**図**

11.16 のようになり，時間進行に伴い壁面近傍の流速低減領域が増加すること

がわかる。

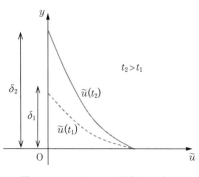

図 11.16 レイリーの問題における
流速分布の時間変化

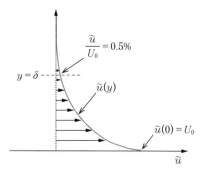

図 11.17 レイリーの問題における
粘性の影響範囲

では粘性の影響範囲はどのように評価すればよいか。流速分布は，$y \to \infty$ で$\tilde{u}=0$ に漸近するため，例えば**図11.17**のように機械的に $\tilde{u}/U_0 = 0.5$ ％程度の高さを $y=\delta$ と決めて，底面からそこまでを粘性の影響範囲と定義する。

逆算して $\eta=2$ のとき $erf(\eta)=0.995\,3$ となり $\tilde{u}/U_0 \cong 0.5$ ％となる。したがって式(11.25) より，次式が得られる。

$$\delta = 4\sqrt{\nu t} \tag{11.30}$$

これから粘性の影響高さは，動粘性係数と時間の平方根で計算できることがわかる。粘性の影響は時間とともに板から遠方方向へ広がることがわかる。そもそも式(11.24) は熱伝導方程式と同型で，熱や物質の拡散と粘性領域の拡散は，本質的には共通のメカニズムを有するといえる。

11.4.2　層流境界層への応用

再び層流境界層（図11.7）に注目する。層流なので，現象は時間依存度が小さく定常と考えてよい。ただし x 方向に流況が変化する。レイリーの問題で考察したように，$\delta \sim \sqrt{\nu t}$ であるから，この時間 t は流体が板先端から x だけ流下するのに要する時間と考えると

$$\delta \sim \sqrt{\nu t} = \sqrt{\nu \frac{x}{U_\infty}} \tag{11.31}$$

と x の変数に変換できる。ここでは一様流速を U_∞ とする。ブラジウスはレイリーの問題と同様に，無次元流速分布関数 $f(\eta)=\tilde{u}/U_\infty$ を考えた。ナビエ・ストークス方程式を近似した境界層方程式を解析し，δ に99％厚の定義を用いると

$$\delta \cong 5.0\sqrt{\nu \frac{x}{U_\infty}} = 5.0\,x\mathrm{Re}_x^{-1/2} \tag{11.32}$$

が得られる。層流境界層では，δ の発達は x の平方根で増加し，一様流速が大きいほど薄くなることがわかる。

11.5　境界層理論2　—境界層近似—

11.5.1　境界層厚さの定義

平板上に形成される境界層の境界層厚さ（**図11.18**）には，3種類の定義方法がある。壁面近傍の流速分布がわかれば，下記いずれかの方法によって δ を計算することができる。ここでは一様流速を U_∞，壁面近傍の流速分布を $U(y)$ とする。簡単のため乱れは考えず，流速は時間平均的な流速を指す。

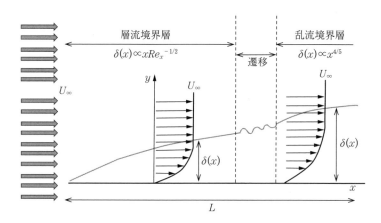

図11.18　平板境界層と境界層厚

〔**1**〕**99 %厚さ**　（99 % boundary layer thickness）

最もシンプルな方法で，一様流あるいは境界層外部の主流の99 %の速さに対応する高さを境界層の上端とする方法である。ここではこの方法によって求められた境界層を δ_{99} とする（**図11.19**）。

〔**2**〕**排除厚さ**　（displacement thickness）

もし粘性作用を考えない完全流体であれば，壁面まで一様流速，つまり流速の低減は生じない。しかし実際には粘性によって図の斜線の流速分布だけ低減する。流速分布が壁面まで一様と強引に考えた際，ある断面の通過流量を，粘性作用を考慮した流速分布のそれと一致させるためには，この低減部分（**図**

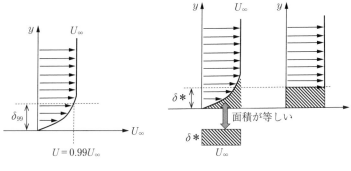

図 11.19 99 % 厚さ　　　　**図 11.20** 排除厚さ

11.20 の長方形) だけ排除する必要がある。この排除すべき厚さのことを排除厚さと呼び，境界層厚さの一種として定義できる。ここでは δ^* とする。排除厚さは次式で計算できる。

$$U_\infty\delta^* = \int_0^\infty (U_\infty - U(y))dy \;\leftrightarrow\; \delta^* = \int_0^\infty (U_\infty - U(y))dy/U_\infty \tag{11.33}$$

〔**3**〕**運動量厚さ** （momentum thickness）

排除厚さと同様に，通過流量ではなく単位時間当りの通過運動量の低減を考えるものである。ここで，運動量の定義は質量×速度である。単位奥行幅とすれば，単位時間にある断面を通過する厚さ dy の流体の体積は $U(y)dy$，質量は $\rho U(y)dy$ である。したがって運動量は $\rho U(y)^2 dy$ と表せる。排除厚さと同様に運動量厚さは次式で表せる。

$$\rho U_\infty^2\theta = \int_0^\infty \rho U(y)(U_\infty - U(y))dy \;\leftrightarrow\; \theta = \int_0^\infty U(y)(U_\infty - U(y))dy/U_\infty^2$$

$$\tag{11.34}$$

式(11.33) および式(11.34) では，y 方向の極限まで積分する。実験値から δ^* および θ を求める際には，適当な y で打ち切って有限区間で壁面最近傍の 1 点から打ち切る高さまで数値積分（つまり足し算であるが）する。このときに，打ち切る高さ y が境界層の十分外側にないと，意味のない計算となるので注意しなければいけない。したがって，機械的に計算するのではなく，計測された

流速分布の全貌をじっくりと眺めてから計算する必要がある。

11.5.2 境界層近似と境界層方程式

図 11.18 のような平板では，平板の上流側で層流境界層が形成され，ある程度下流に進むと遷移区間を経て乱流境界層となる。境界層厚さ δ は平板長 L に比べて相当小さく，このスケール特性を上手に用いれば，ナビエ・ストークス方程式をシンプルにできる。これを境界層方程式と呼ぶ。以下のように導出できる。2 次元場のナビエ・ストークス方程式（x と y 方向）と連続式を成分表示すると

1) ナビエ・ストークス方程式（x 方向）

$$\frac{\partial \widetilde{u}}{\partial t} + \widetilde{u}\frac{\partial \widetilde{u}}{\partial x} + \widetilde{v}\frac{\partial \widetilde{u}}{\partial y} = -\frac{1}{\rho}\frac{\partial \widetilde{p}}{\partial x} + \nu\left(\frac{\partial^2 \widetilde{u}}{\partial x^2} + \frac{\partial^2 \widetilde{u}}{\partial y^2}\right)$$

2) ナビエ・ストークス方程式方程式（y 方向）

$$\frac{\partial \widetilde{v}}{\partial t} + \widetilde{u}\frac{\partial \widetilde{v}}{\partial x} + \widetilde{v}\frac{\partial \widetilde{v}}{\partial y} = -\frac{1}{\rho}\frac{\partial \widetilde{p}}{\partial y} + \nu\left(\frac{\partial^2 \widetilde{v}}{\partial x^2} + \frac{\partial^2 \widetilde{v}}{\partial y^2}\right)$$

3) 連続式

$$\frac{\partial \widetilde{u}}{\partial x} + \frac{\partial \widetilde{v}}{\partial y} = 0$$

となる。板表面（$y=0$）では no–slip 条件より $\widetilde{u} = \widetilde{v} = 0$ となる。

この現象で用いるスケールは

U_∞：代表速度スケール（主流方向の速度スケール）

L：平板長あるいは上流端からの距離（x 方向の代表長さ）

δ：境界層厚さ（y 方向の代表長さ）

のようにまとめられる。

レイリーの問題で述べたように，$\delta \sim \sqrt{\nu \dfrac{x}{U_\infty}} = x\mathrm{Re}_x^{-1/2}$ である。$x=L$ として，

$\dfrac{\delta}{L} \sim \mathrm{Re}_L^{-1/2}$ となるから流れが板上流端から下流に進むほど，$\delta \ll L$ と期待でき

る。連続式において，$y=0$ で $\tilde{v}=0$ の条件で積分すると $\tilde{v} = -\displaystyle\int_0^y \frac{\partial \tilde{u}}{\partial x}\, dy$ とな

る。これより $\tilde{v}$ のオーダーを上のスケールを用いて，$\tilde{v} \sim U_\infty \delta/L$ と表せる。さ

らに $\delta \ll L$ より $U_\infty \gg \tilde{v}$ といえる。

再度，2次元境界層流れにおけるスケール特性をまとめると

$\tilde{u} \sim U_\infty$

$\tilde{v} \sim U_\infty \delta/L$

$x \sim L$

$y \sim \delta$

となる。これらの特性を踏まえて，ナビエ・ストークス方程式の各項をオーダー比較し，微小項を消去して**境界層方程式**（boundary layer equations）を求める。

移流項と粘性項をスケーリングすると

1) x 方向のナビエ・ストークス方程式（境界層内部）

（移流項）　$\tilde{u}\dfrac{\partial \tilde{u}}{\partial x} \sim \dfrac{U_\infty^2}{L}$, $\ \tilde{v}\dfrac{\partial \tilde{u}}{\partial y} \sim \dfrac{U_\infty^2}{\delta}$

（粘性項）　$\dfrac{\partial^2 \tilde{u}}{\partial x^2} \sim \dfrac{U_\infty}{L^2}$, $\ \dfrac{\partial^2 \tilde{u}}{\partial y^2} \sim \dfrac{U_\infty}{\delta^2}$

となる。粘性項に注目すると $\dfrac{\partial^2 \tilde{u}}{\partial x^2} \ll \dfrac{\partial^2 \tilde{u}}{\partial y^2}$ なので，$\dfrac{\partial^2 \tilde{u}}{\partial x^2}$ を消去できる。したがって，ナビエ・ストークス方程式は次式のように書き換えられる。

$$\frac{\partial \tilde{u}}{\partial t} + \tilde{u}\frac{\partial \tilde{u}}{\partial x} + \tilde{v}\frac{\partial \tilde{u}}{\partial y} = -\frac{1}{\rho}\frac{\partial \tilde{p}}{\partial x} + \nu\frac{\partial^2 \tilde{u}}{\partial y^2} \tag{11.35}$$

2) y 方向のナビエ・ストークス方程式（境界層内部）　$\tilde{v} \sim U_\infty \delta/L$ は微小なので，圧力項以外を省略すると

$$0 = -\frac{1}{\rho}\frac{\partial \tilde{p}}{\partial y} \tag{11.36}$$

となる。これより境界層内では y 方向に圧力は一定であることがわかる。

さらに境界層外では流れ場は y 方向に変化しないので，任意の y 地点において境界層内外の圧力が一致する。式(11.35) および式(11.36) を境界層の運動方程式という。

3) 境界層外部　境界層の外部（上部）の流れを"完全流体"として扱えば，$\widetilde{u} = U_\infty$，$v = 0$ となる。また y 方向に流れの分布は変化せず一様である。これらよりナビエ・ストークス方程式(x 方向)を書き直して，次式が得られる。

$$\frac{\partial U_\infty}{\partial t} + U_\infty \frac{\partial U_\infty}{\partial x} = -\frac{1}{\rho}\frac{\partial \widetilde{p}}{\partial x} \tag{11.37}$$

式(11.35)〜式(11.37) を**境界層近似**（boundary layer approximation）または境界層方程式と呼ぶ。乱流でも使えるが，その際，流速分布に瞬時のものを扱う必要がある。実用的には時間平均分布を使うので，理論と実現象のギャップが生じるおそれがある。乱れの程度にもよるが，乱流境界層にまで拡張することは，注意を伴う。

11.5.3　カルマンの積分方程式

境界層方程式の応用例として**カルマンの積分方程式**（von Karman momentum integral equation）を説明する。これは流速分布と底面摩擦の関係を表す重要な式である。式(11.35) をレイノルズ分解すると

$$\frac{\partial U}{\partial t} + U\frac{\partial U}{\partial x} + V\frac{\partial U}{\partial y} = -\frac{1}{\rho}\frac{\partial P}{\partial x} + \nu\frac{\partial^2 U}{\partial y^2} - \frac{\partial \overline{uv}}{\partial y}$$

となる。ここで，$\dfrac{\partial - \overline{uu}}{\partial x} \ll \dfrac{\partial - \overline{uv}}{\partial y}$ として無視した。境界層よりも十分上方の主流内の高さ γ を考え，次式のように平板表面 $y = 0$ から γ まで y 方向に積分する。

$$\int_0^\gamma \frac{\partial U}{\partial t}dy + \int_0^\gamma U\frac{\partial U}{\partial x}dy + \int_0^\gamma V\frac{\partial U}{\partial y}dy$$

$$= -\int_0^\gamma \frac{1}{\rho}\frac{\partial P}{\partial x}dy + \nu\int_0^\gamma \frac{\partial^2 U}{\partial y^2}dy + \int_0^\gamma \frac{\partial - \overline{uv}}{\partial y}dy \tag{11.38}$$

式(11.38) の右辺第 2 項と第 3 項の和は

$$\nu \int_0^\gamma \frac{\partial^2 U}{\partial y^2} dy + \int_0^\gamma \frac{\partial -\overline{uv}}{\partial y} dy = \nu \left[\frac{\partial U}{\partial y} \right]_0^\gamma + \left[-\overline{uv} \right]_0^\gamma = 0 - \nu \left[\frac{\partial U}{\partial y} \right]_0 + 0 - 0$$

$$= -\tau_w / \rho$$

と計算される。底面（平板表面）$y = 0$ では no-slip 条件（流速が 0）なので，レイノルズ応力も 0 である。しかし流速シア $\partial U / \partial y$ は 0 ではないので，これが摩擦として作用する。ニュートンの法則より，底面におけるせん断応力は，$\tau_w / \rho = \nu \partial U / \partial y |_{y=0}$ となる。

つぎに境界層外（$y > \delta$）では一様流なので $\partial U / \partial y = 0$ となり，また同時に流速シアが 0 より乱れは発生せず，レイノルズ応力は 0 である。

左辺第 3 項は，連続式の $V = -\int_0^y \frac{\partial U}{\partial x} dy$ を代入して

$$\int_0^\gamma V \frac{\partial U}{\partial y} dy = -\int_0^\gamma \left(\frac{\partial U}{\partial y} \int_0^y \frac{\partial U}{\partial x} dy \right) dy = -\left[U \int_0^y \frac{\partial U}{\partial x} dy \right]_0^\gamma + \int_0^\gamma U \frac{\partial U}{\partial x} dy$$

$$= -U_\infty \int_0^\gamma \frac{\partial U}{\partial x} dy + \int_0^\gamma U \frac{\partial U}{\partial x} dy$$

となる。これらを使うと　式(11.38) は

$$\int_0^\gamma \frac{\partial U}{\partial t} dy + \int_0^\gamma 2U \frac{\partial U}{\partial x} dy - U_\infty \int_0^\gamma \frac{\partial U}{\partial x} dy = -\int_0^\gamma \frac{1}{\rho} \frac{\partial P}{\partial x} dy - \frac{\tau_w}{\rho}$$

と表せる。境界層外の式(11.37) で $\tilde{p} = P$ として右辺第 1 項を消すと

$$\int_0^\gamma \frac{\partial (U_\infty - U)}{\partial t} dy - \int_0^\gamma 2U \frac{\partial U}{\partial x} dy + U_\infty \int_0^\gamma \frac{\partial U}{\partial x} dy + U_\infty \int_0^\gamma \frac{\partial U_\infty}{\partial x} dy = \frac{\tau_w}{\rho}$$

$$\leftrightarrow \int_0^\gamma \frac{\partial (U_\infty - U)}{\partial t} dy - \int_0^\gamma \left(2U \frac{\partial U}{\partial x} - U_\infty \frac{\partial U}{\partial x} - U_\infty \frac{\partial U_\infty}{\partial x} \right) dy = \frac{\tau_w}{\rho} \quad (11.39)$$

が得られる。式(11.39) の左辺第 2 項の被積分関数をつぎのように変形する。

$$2U \frac{\partial U}{\partial x} - U_\infty \frac{\partial U}{\partial x} - U_\infty \frac{\partial U_\infty}{\partial x} = \frac{\partial U^2}{\partial x} - \frac{\partial U_\infty U}{\partial x} + U \frac{\partial U_\infty}{\partial x} - U_\infty \frac{\partial U_\infty}{\partial x}$$

$$= \frac{\partial \{U(U - U_\infty)\}}{\partial x} - (U_\infty - U) \frac{\partial U_\infty}{\partial x}$$

これより, 式(11.39) は

$$\int_0^\gamma \frac{\partial(U_\infty - U)}{\partial t}dy - \int_0^\gamma \frac{\partial}{\partial x}\{U(U-U_\infty)\}dy + \int_0^\gamma (U_\infty - U)\frac{\partial U_\infty}{\partial x}dy = \frac{\tau_w}{\rho}$$

となる。ここで $y \geq \gamma$ では被積分関数が 0 になるので積分範囲の上限を ∞ としてよい。また x, y, t はそれぞれおたがいに影響しないので, 微分と積分の順序が交代できて

$$\frac{\partial}{\partial t}\int_0^\infty (U_\infty - U)dy + \frac{\partial}{\partial x}\int_0^\infty \{U(U_\infty - U)\}dy + \frac{\partial U_\infty}{\partial x}\int_0^\infty (U_\infty - U)dy = \frac{\tau_w}{\rho}$$

と書ける。さらに, 排除厚さおよび運動量厚さの定義を使って次式が得られる。

$$\frac{\partial U_\infty \delta^*}{\partial t} + \frac{\partial U_\infty^2 \theta}{\partial x} + U_\infty \delta^* \frac{\partial U_\infty}{\partial x} = \frac{\tau_w}{\rho} \tag{11.40}$$

これがカルマンの積分方程式である。境界層厚さおよび一様流速の勾配と底面せん断応力を結び付けた重要な方程式である。また, 式展開の途中で層流仮定は用いておらず, 理論上は層流, 乱流に無関係に成立する。

応用として, 無次元速度分布の形状を仮定して, 境界層厚さ（概念的な）と, 排除厚さ・運動量厚さの関係を導いてみる。境界層高さを基準とした無次元高さを $\eta = y/\delta(x)$, 無次元速度分布を $U/U_\infty = f(\eta)$ $(0 \leq \eta \leq 1)$ とする。

(**準備**) まず $\delta(x)d\eta = dy$ であることに注意して, 運動量厚さは次式のように計算できる。

$$\theta = \int_0^\infty \left(1 - \frac{U}{U_\infty}\right)\frac{U}{U_\infty}dy = \frac{1}{U_\infty^2}\int_0^\infty (U_\infty - U)Udy$$

$$= \frac{1}{U_\infty^2}\int_0^1 (U_\infty - U_\infty f(\eta))U_\infty f(\eta)\delta(x)d\eta$$

$$= \delta(x)\int_0^1 (1 - f(\eta))f(\eta)d\eta = a_1\delta(x) \tag{11.41}$$

排除厚さは次式のように計算できる。

$$\delta^* = \int_0^\infty \left(1 - \frac{U}{U_\infty}\right)dy = \frac{1}{U_\infty}\int_0^\infty (U_\infty - U)Udy = \frac{1}{U_\infty}\int_0^1 (U_\infty - U_\infty f(\eta))\delta(x)d\eta$$

$$= \delta(x)\int_0^1 (1-f(\eta))d\eta = a_2\delta(x) \tag{11.42}$$

なお dy から $d\eta$ の変換の際，本来，積分範囲は $0\sim\eta\sim\infty$ であるが，ここでは境界層内のみ考えているので，便宜的に $0\sim\eta\sim1$ とした。ここで

$$a_1 = \int_0^1 (1-f(\eta))f(\eta)d\eta, \quad a_2 = \int_0^1 (1-f(\eta))d\eta \tag{11.43}$$

である。以上のように，物理的にやや曖昧であった境界層厚さを，定義が明確な排除厚さや運動量厚さで表すことができた。また底面せん断応力は

$$\frac{\tau_w}{\rho} = \nu\frac{\partial U}{\partial y}\bigg|_{y=0} = \nu\frac{\partial U_\infty f(\eta)}{\partial y}\bigg|_{y=0} = \nu U_\infty\frac{\partial f(\eta)}{\partial \eta}\bigg|_{\eta=0}\frac{\partial \eta}{\partial y} = \frac{\nu U_\infty}{\delta(x)}f'(0)$$

となる。よって式(11.40) は，次式となる。

$$\frac{\partial a_2 U_\infty\delta}{\partial t} + \frac{\partial a_1 U_\infty{}^2\delta}{\partial x} + \frac{a_2\delta}{2}\frac{\partial U_\infty{}^2}{\partial x} = \frac{\nu U_\infty}{\delta}f'(0) \tag{11.44}$$

さらに具体的に「定常な平板境界層」を考えよう。定常で平板の迎角が $0°$ の場合，$\dfrac{\partial}{\partial t}=0$，$\dfrac{\partial U_\infty}{\partial x}=0$ なので，式(11.44) は

$$\frac{\partial a_1 U_\infty{}^2\delta}{\partial x} = \frac{\nu U_\infty}{\delta}f'(0) \;\leftrightarrow\; a_1 U_\infty{}^2\frac{\partial \delta}{\partial x} = \frac{\nu U_\infty}{\delta}f'(0) \;\leftrightarrow\; \delta\frac{\partial \delta}{\partial x} = \frac{\nu f'(0)}{a_1 U_\infty}$$

となる。境界条件（$\delta=0 \; at \; x=0$）を考慮して次式が得られる。

$$\delta = \sqrt{\frac{2f'(0)}{a_1}}\sqrt{\frac{\nu x}{U_\infty}} \tag{11.45}$$

流速分布 f がわかれば，境界層厚さの流下方向の変化が計算できる。同様に底面せん断応力の流下変化を調べてみる。定常で迎角が $0°$ より，式(11.40) は

$$\frac{\tau_w}{\rho} = \frac{\partial U_\infty{}^2\theta}{\partial x} = U_\infty{}^2\frac{\partial \theta}{\partial x} = U_\infty{}^2\frac{d\theta}{dx}$$ と表せる。また式(11.41) より $\dfrac{d\theta}{dx} = $

$\sqrt{\dfrac{a_1 f'(0)}{2}}\sqrt{\dfrac{\nu}{U_\infty x}}$ が得られる。これらから

$$\frac{\tau_w}{\rho} = \sqrt{\frac{a_1 f'(0)}{2}} \sqrt{\frac{U_\infty^3 \nu}{x}} \tag{11.46}$$

となる。流速分布 f がわかれば，底面せん断応力の流下方向分布が計算できる。なお，平板の幅（奥行）を B とすれば，平板の片面に作用する全せん断力が $B\int_0^L \tau_w dx$ と計算できる。

　図 **11.21** に示すシンプルな線形の流速分布 $f(\eta) = \eta$ $(0 \le \eta \le 1)$ を考え，$\delta(x)$，$\tau_w(x)$ を計算する。

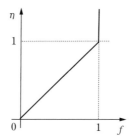

図 11.21 　与条件の流速分布

　まず $f'(\eta) = 1 \rightarrow f'(0) = 1$ となる。式(11.43) より，$a_1 = \int_0^1 (1 - f(\eta)) f(\eta) d\eta =$

$\int_0^1 (1 - \eta)\eta d\eta = \dfrac{1}{6}$ が得られる。式(11.45) および式(11.46) にこれらを代入して

$\delta(x) = 3.464 \sqrt{\dfrac{\nu x}{U_\infty}}$, $\dfrac{\tau_w}{\rho} = 0.289 \sqrt{\dfrac{U_\infty^3 \nu}{x}}$ が得られる。この結果から境界層厚さは流下方向にルートで増加，底面せん断応力は減少することがわかる。

　実際の流体問題に適用する場合，流速分布もできるだけ現実に合ったものを与える必要がある。特に図 11.18 に示すように，層流から乱流に遷移すると無次元流速分布が変わるので $f(\eta)$ も使い分ける必要がある。カルマンの積分方程式は層流・乱流どちらにも適用できるが，$f(\eta)$ の与え方は適当ではいけない。

　ブラジウス解は流速分布を求めるものだが，カルマンの積分方程式では流速分布を仮定して，境界層の発達を解くものである。

（余談） $\partial U/\partial t$ について　　層流と定常の関係

　完全な定常（ここでいう完全とは，すべての周波数成分について時間変動が
ないという意味）であれば"層流"である。しかし　層流 → 定常とはいい切れ
ない。血流のように層流でも非定常な流れはある。

　また，乱流でも定常という場合がある。これは，高周波成分は変動している
が，ベースとなる低周波成分は時間変動しない流れである。例えば，平常時の
河川は，数分から数十分程度では流量の時間変化は小さく，流れは安定してい
るが，細かくみると時間方向にも空間方向にも変動成分が存在する。このよう
な流れ場では観測時間内では $\partial U/\partial t = 0$ となるが，乱れの効果が集約されるレ
イノルズ応力項は存在する。水理学や水工学で扱うのはこのパターンが多いと
考えられる。$\partial U/\partial t = 0$ でも現象として乱流を重視する場合は，非定常と呼ぶ
こともあり，このあたりが用語使用の混乱を招く。

　それでは，$\partial U/\partial t \neq 0$ 非定常場では，どのように U を計算するのだろうか。
じつは考える時間スケールによって扱いが変わる。例えばサインカーブの洪水
流を考えてみる（**図 11.22**）。これは非定常の乱流である。明確な増水期と減水
期が生じ，この大きな時間変動に細かな時間変動が乗りかかっている。洪水の
周期を T として，この T で単純な時間平均流速を求めると図 11.22 のように
ベースとピーク流速の間に平均値（点線）が得られる。この平均値は洪水期間
で一定値となり，非定常流を考える際には大きな意味をなさない。またベース

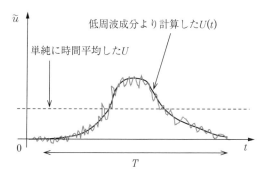

図 11.22　乱れを含む洪水流の波形

付近の乱流は，いくら乱れていようとその変動成分はいずれも時間平均値を下回り，平均値周りの乱れではない。

　これを解決するための二つの方法を紹介する。一つ目は時系列データをフーリエ変換して，洪水周期 T の成分を取り出し，これを平均流速とする方法である。平均値が増水減水に合わせて時間変化するので，各時刻における乱れ成分は平均値周りの変動となる。二つ目は，洪水周期を複数，例えば20個程度の位相に区切り，位相ごとに短時間の時間平均値を出すもので，いわゆる移動平均法である。時間平均値は階段状に変化するが，計算は簡便である。

　自分が扱おうとしている流れ場が，どのような時間スケール，速度スケールをもつかを把握して解析することが大切である。

11.6　境界層理論3　─乱流境界層と乱れの発生─

11.6.1　層流境界層から乱流境界層への遷移

　これまで学んだように，平板の先端付近では**層流境界層**（laminar boundary layer，以下 LBL とする）が形成される。しばらく流下して小さい外乱（微小撹乱）を受けると，流れ自体の振動あるいは揺らぎが生じ，その振幅が収束せず増大していく。さらに流下すると，流れの状態にもよるが，$Re_x(=U_\infty x/\nu)>5\times10^5$ 程度で境界層内は乱流となる（**図 11.23**）。このように層流境界層（LBL）から**乱流境界層**（turbulent boundary layer，以下 TBL とする）へ遷移するのだが，境界層内の乱流とはどのような状態かを考える。単に視覚的に乱れているという感覚的な説明に加えて，以下の特性がある。

1) TBL では境界層厚さ δ は流下距離を x として $x^{4/5}$ に比例する。一方 LBL では 11.4.2 項で学んだように $x Re_x^{-1/2}$ に比例する。TBL では LBL に比べて流下に伴う δ の増大が急である。

2) 流速分布は LBL に比べて，壁面近傍まで流速が大きい，べき乗型あるいは対数型となる（**図 11.24**）。

3) 抵抗曲線 C_f－Re も LBL と異なる。

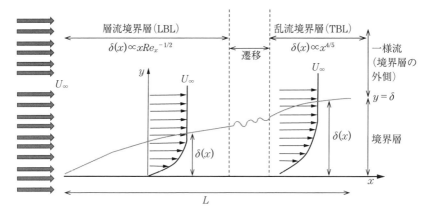

図 11.23　層流境界層と乱流境界層

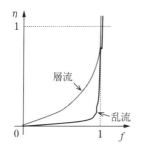

図 11.24　壁面近傍における層流と
乱流の流速分布の比較

11.6.2　乱流境界層の発達

TBL の $\delta \propto x^{4/5}$ の特性を導く。まず TBL で次式のべき乗則を適用する。

$$\frac{U(y)}{U_\infty} = \left(\frac{y}{\delta}\right)^{1/n} \tag{11.47}$$

平板や開水路では $n = 7$ がよく合うとされる（1/7 乗則と呼ぶ）。これをカルマンの積分方程式に適用するため，排除厚さ，運動量厚さを速度分布のスケーリング関数 $\phi(\eta)$ を使って計算してみよう。ここで，$\phi(\eta) = U/U_\infty = \eta^{1/n}$，$\eta = y/\delta$ とする。式(11.41)～(11.43) より排除厚さと運動量厚さは，それぞれ式(11.48) および式(11.49) のように表せる。

（排除厚さ）$\delta^* = a_2 \delta = \displaystyle\int_0^1 (1 - \phi) d\eta \cdot \delta = \int_0^1 (1 - \eta^{1/n}) d\eta \cdot \delta$

$$= \left[\eta - \frac{n}{n+1} \eta^{\frac{n+1}{n}} \right]_0^1 \cdot \delta = \frac{\delta}{n+1}$$

$$n = 7 \text{として} \quad \delta^* = \frac{\delta}{8} \tag{11.48}$$

（運動量厚さ）$\quad \theta = a_1 \delta = \int_0^1 \phi(1-\phi) d\eta \cdot \delta = \int_0^1 (\eta^{1/n} - \eta^{2/n}) d\eta \cdot \delta$

$$= \left[\frac{n}{n+1} \eta^{\frac{n+1}{n}} - \frac{n}{n+2} \eta^{\frac{n+2}{n}} \right]_0^1 \cdot \delta = \frac{n\delta}{(n+1)(n+2)}$$

$$n = 7 \text{として} \quad \theta = \frac{7}{72} \delta \tag{11.49}$$

つぎに迎角 $0°$ の平板上の定常場（一様流速 U_∞ が時間変動しないという意味の定常）を考えると，カルマンの積分方程式は，$U_\infty{}^2 \dfrac{d\theta(x)}{dx} = \dfrac{\tau_0(x)}{\rho}$ となり，これに式(11.49) を代入して

$$\frac{\tau_0(x)}{\rho U_\infty{}^2} = \frac{7}{72} \frac{d\delta}{dx} \tag{11.50}$$

が得られる。ここで，次式のブラジウスの円管実験公式を平板境界層に援用する。

$$\frac{\tau_0(x)}{\rho U_\infty{}^2} = 0.022\,5 \left(\frac{U_\infty \delta}{\nu} \right)^{-1/4} \tag{11.51}$$

式(11.50) と式(11.51) から $\tau_0(x)/\rho U_\infty{}^2$ を消去して

$$0.022\,5 \left(\frac{U_\infty \delta}{\nu} \right)^{-1/4} = \frac{7}{72} \frac{d\delta}{dx} \quad \leftrightarrow \quad \int_0^x \left(\frac{0.022\,5 \times 72}{7} \right) \left(\frac{U_\infty}{\nu} \right)^{-1/4} dx$$

$$= \int_0^\delta \delta^{1/4} d\delta \quad \leftrightarrow \quad \delta = 0.387 \left(\frac{U_\infty}{\nu} \right)^{-1/5} x^{4/5} + C$$

となる。ここで $x = x_t$ で $\delta = 0$ として次式が得られる。

$$\delta = 0.387 \left(\frac{U_\infty}{\nu} \right)^{-1/5} (x - x_t)^{4/5} \quad \text{TBL （乱流境界層）} \tag{11.52}$$

$x = x_t$ は仮にこの点での乱流境界層厚さが計算上 0 としたもので，LBL と TBL の遷移区間にあると解釈できる。この地点で実際の境界層厚は 0 ではなく LBL で成立する式(11.52) で計算した値を参考に評価する。そもそも $x = x_t$ 周辺では，層流から乱流への遷移区間なので正確に $x = x_t$ を決めるのは難しい。

$$\delta \cong 5.0\sqrt{\nu\frac{x}{U_\infty}} = 5.0x\mathrm{Re}_x^{-1/2} \quad \text{LBL（層流境界層）} \tag{11.53}$$

TBL と LBL では，境界層厚さの流下方向発達の特性が異なることが重要なポイントである。

11.6.3 乱流の発生 —オア・ゾンマーフェルド方程式とレイリーの変曲点不安定理論—

〔1〕微小攪乱の安定性

平板境界層における乱流発生のメカニズムを理論的に考察する。流下とともに層流状態がなぜ維持されないのか？　ナビエ・ストークス方程式を出発点として攪乱の発達を定式化する（**オア・ゾンマーフェルト方程式**（Orr-Sommerfeld equation））。はじめに，瞬間流速場を，時間平均成分と乱れ成分にレイノルズ分解する。

ここでいくつかの仮定を用いる。時間平均主流速 U の流下方向の変化は小さいとして，$\partial U/\partial x \approx 0$ とする。また時間平均鉛直流速 V は U に比べて小さいとして $V \approx 0$ とする。さらに時間平均圧力の空間変化も小さいとして $\partial P/\partial x \approx 0$，$\partial P/\partial y \approx 0$ とする。以上よりレイノルズ分解は次式のように表せる。

$$\widetilde{u}(x, y, t) = U(y) + u(x, y, t)$$
$$\widetilde{v}(x, y, t) = v(x, y, t) \tag{11.54}$$
$$\widetilde{p}(x, y, t) = P(y) + p(x, y, t)$$

これらをナビエ・ストークス方程式に代入する。このとき乱れ成分の 2 次以上の項を無視する。例えば，x 方向のナビエ・ストークス方程式の移流項については，$\widetilde{u}\dfrac{\partial \widetilde{u}}{\partial x} = (U+u)\dfrac{\partial(U+u)}{\partial x} \approx (U+u)\dfrac{\partial u}{\partial x} \approx U\dfrac{\partial u}{\partial x}$ となる。他の項も同様に計

算するとナビエ・ストークス方程式および連続式より乱れ成分に関する次式が
得られる。

$$\frac{\partial u}{\partial t} + U\frac{\partial u}{\partial x} + v\frac{\partial u}{\partial y} + \frac{1}{\rho}\frac{\partial p}{\partial x} = \nu\,\nabla^2 u$$

$$\frac{\partial v}{\partial t} + U\frac{\partial v}{\partial x} + \frac{1}{\rho}\frac{\partial p}{\partial y} = \nu\,\nabla^2 v \tag{11.55}$$

$$\frac{\partial u}{\partial x} + \frac{\partial v}{\partial y} = 0$$

ここでは，ナビエ・ストークス方程式が線形化されたことがポイントである。

つぎに流れにある外乱（微小攪乱）が加わったとしよう。攪乱はさまざまな
波長や周期をもつ sin 波の集まりと考える。つまり

$$a_1\sin(\alpha_1 x - \beta_1 t) + a_2\sin(\alpha_2 x - \beta_2 t) + a_3\sin(\alpha_3 x - \beta_3 t)$$

$$+ \cdots + a_n\sin(\alpha_n x - \beta_n t) \tag{11.56a}$$

と与える。ここで a_n：振幅，$a_n = 2\pi/L_n$（L_n：波長），$\beta_n = 2\pi/T_n$（T_n：周期）
である。1～n 個の重ね合わせで外乱を表したが，式(11.55) は線形なので，
式(11.56) の重ね合わせが解として成立するならば，個々の波成分も解となる。
したがって式(11.56b) のように代表的な成分を一つ取り出して考えればよい。

$$a\sin(\alpha x - \beta t) \tag{11.56b}$$

後々の解析のために式(11.56b) を複素数で表してみる。**図 11.25** の複素平面

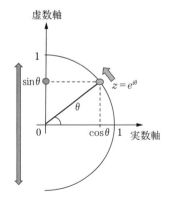

図 11.25　複 素 平 面

で考えると，$z = e^{i\theta} = \cos\theta + i\sin\theta$ である。これから $\sin\theta$ は $e^{i\theta}$ の虚軸方向の変化を示すから，式(11.56b) を

$$ae^{i(\alpha x - \beta t)} \tag{11.56c}$$

と書く。このままでもよいが，$ae^{i\alpha(x-ct)}$ と書き換える。式(11.56b) と式(11.56c)はイコールではないが，定性的に同じ変動を表すと解釈する。z が半径 1 の円周を回ると，$\sin\theta$ は虚軸に沿って上下することがわかる。

ここで，乱れ成分 u, v, p は擾乱により同じ波数，周期で変動すると仮定すると次式のように

$$u(x, y, t) = \tilde{u}(y)e^{i\alpha(x-ct)}$$
$$v(x, y, t) = \tilde{v}(y)e^{i\alpha(x-ct)} \tag{11.57}$$
$$p(x, y, t) = \tilde{p}(y)e^{i\alpha(x-ct)}$$

と表せる。ここで $\tilde{u}$, $\tilde{v}$, $\tilde{p}$ は振幅を表す。もう一度，$e^{i\alpha(x-ct)}$ に注目する。ここで α を実数，$c = c_r + ic_i$ を複素数としてみると，$e^{i\alpha(x-ct)} = e^{\alpha c_i t}e^{i\alpha(x-c_r t)}$ となる。$e^{i\alpha(x-c_r t)}$ は周期変動を表し，$e^{\alpha c_i t}$ は振幅の時間発展を意味する。$\alpha > 0$ は波数なので，c_i の正負によりつぎのようにまとめられる。

$c_i > 0$：擾乱が発達し乱れる。

$c_i < 0$：擾乱が収束し乱れが抑制。

$c_i = 0$：中立。擾乱の振幅は時間によらず一定。

〔2〕オア・ゾンマーフェルト方程式

ここで以降の式展開のために，代表速度 U_∞，代表長さ δ^* で式(11.55) の線形方程式を無次元化する。まず各諸量を $\hat{x} = x/\delta^*$, $\hat{y} = y/\delta^*$, $\hat{U} = u/U_\infty$, $\hat{u} = u/U_\infty$, $\hat{v} = v/U_\infty$, $\hat{p} = p/(\rho U_\infty{}^2)$, $\hat{t} = tU_\infty/\delta^*$ のように無次元化する。これらを式(11.55) に代入する。式(11.55) の最上段については

$$\frac{\partial(U_\infty\hat{u})}{\partial(\delta^*\partial\hat{t}/U_\infty)} + U_\infty\hat{U}\frac{\partial(U_\infty\hat{u})}{\partial(\delta^*\hat{x})} + U_\infty\hat{v}\frac{\partial(U_\infty\hat{u})}{\partial(\delta^*\hat{y})}$$

$$= -\frac{1}{\rho}\frac{\partial(\rho U_\infty{}^2 p')}{\partial(\delta^*\hat{x})} + \nu\left(\frac{\partial^2(U_\infty\hat{u})}{\partial(\delta^*\hat{x})^2} + \frac{\partial^2(U_\infty\hat{u})}{\partial(\delta^*\hat{y})^2}\right)$$

となる。よって

$$\frac{\partial \widehat{u}}{\partial \widehat{t}} + \widehat{U}\frac{\partial \widehat{u}}{\partial \widehat{x}} + \widehat{v}\frac{\partial \widehat{U}}{\partial \widehat{y}} = -\frac{\partial \widehat{p}}{\partial \widehat{x}} + \frac{1}{\mathrm{Re}}\nabla^2\widehat{u} \tag{11.58a}$$

$$\frac{\partial \widehat{v}}{\partial \widehat{t}} + \widehat{U}\frac{\partial \widehat{v}}{\partial \widehat{x}} = -\frac{\partial \widehat{p}}{\partial \widehat{y}} + \frac{1}{\mathrm{Re}}\nabla^2\widehat{v} \tag{11.58b}$$

$$\frac{\partial \widehat{u}}{\partial \widehat{x}} + \frac{\partial \widehat{v}}{\partial \widehat{y}} = 0 \tag{11.58c}$$

と無次元化される。ここで $\mathrm{Re} = U_\infty\delta^*/\nu$，$\delta^*$ は排除厚である。変動成分は連続式 (11.58c) を満たすから，式 (11.58d) のように流れ関数で表示できる。

$$\widehat{u} = \frac{\partial \psi}{\partial \widehat{y}}, \quad \widehat{v} = -\frac{\partial \psi}{\partial \widehat{x}} \tag{11.58d}$$

式(11.58d) を式(11.58a) および 式(11.58b) に代入して，式(11.58a) および式(11.58b) をそれぞれ y および x で微分して圧力項を消去すると

$$\frac{\partial}{\partial t}\frac{\partial^2\psi}{\partial x^2} + \frac{\partial}{\partial t}\frac{\partial^2\psi}{\partial y^2} + U\frac{\partial^3\psi}{\partial x\partial y^2} + U\frac{\partial^3\psi}{\partial x^3} = \frac{\partial^2U}{\partial y^2}\frac{\partial\psi}{\partial x} + \frac{1}{\mathrm{Re}}\Delta^2\psi \tag{11.58e}$$

が得られる。式(11.58e) 以降，煩雑さを回避するため，変数の「＾」を省略する。流れ関数も，u や v と同様の揺動をもつとすると，式(11.57) にならって $\psi(x, y, t) = \phi(y)e^{i\alpha(x-ct)}$ と書ける。これを式(11.58e) に代入して整理すると次式が得られる。

$$\frac{1}{\mathrm{Re}}(D^2 - \alpha^2)^2\phi(y) = i\alpha\left[(U-c)(D^2-\alpha^2)\phi(y) - \frac{d^2U}{dy^2}\phi(y)\right] \tag{11.59}$$

ただし $D = d/dy$ である。式(11.59) はオア・ゾンマーフェルト方程式と呼ばれ，外乱による微小擾乱の発達を評価する基本方程式である。式(11.59) は解くことができるが相当難解なので本書では解法自体には触れない。

〔3〕レイリーの変曲点不安定性理論

オア・ゾンマーフェルト方程式で，Re を ∞ とすると次式が得られる。変数に付くプライム「′」は y に関する微分を表す。

$$\phi'' - \left(\alpha^2 + \frac{U''}{U-c}\right)\phi = 0 \tag{11.60}$$

式(11.60)に ϕ の共役関数 ϕ^* (虚部の符号を入れ替えたもの) をかけて,主流
領域の横断方向 (y 方向) における端 ($y=y_1$) からもう一方の端 ($y=y_2$) ま
で積分する。両端 ($y=y_1=y_2$) では擾乱はない ($\phi=\phi'=0$) として,つぎの $\phi''\phi^*$
の部分積分 $\int_{y1}^{y2}\phi''\phi^*dy=[\phi'\phi^*]_{y1}^{y2}-\int_{y1}^{y2}\phi'\phi'^*dy$ を使うと,次式が得られる。

$$\int_{y1}^{y2}\left\{|\phi'|^2+\left(\alpha^2+\frac{U''(U-c)^*}{|U-c|^2}\right)\right\}|\phi|^2dy=0 \tag{11.61}$$

$c=c_r+ic_i$ とすると式(11.61)の虚部については

$$c_i\int_{y1}^{y2}\frac{U''}{|U-c|^2}|\phi|^2dy=0 \tag{11.62}$$

となる。式(11.62)が成立するためには,積分区間内で $U''>0$ または $U''<0$ であ
れば,$c_i=0$ (中立) であるか,$c_i\neq0$ のときに積分が0になることが求められ
るから,積分区間内で U'' の符号が変わる必要がある。いい換えると $U(y)$ は変
曲点をもたなければならない。要するに擾乱が発達するためには,少なくとも
流速分布に変曲点が存在する必要がある。

　これは必要十分条件でないことに注意しなければいけない。必ずしも「変曲
点がある → 擾乱が発達」とはいい切れないが,変曲点が存在しなければ擾乱
は発達しない。

　これが**レイリーの変曲点不安定性理論** (Rayleigh's inflection point theorem)
の主張である。遅い河川と速い河川の合流部や複断面流れを想像しよう。この
ような水域では主流速が横断方向に tanh 関数の分布形で変化し,変曲点をも
つ。実際に流れは不安定になり鉛直軸をもつ渦が周期的に発生する様子が観察
される。ここで境界層の流速分布を振り返ろう。層流境界層の $U(y)$ には変曲
点がないので,擾乱が発達せずにいつまでたっても乱流境界層へ遷移しないの
ではないかという疑問がわく。まず上記のレイリーの変曲点不安定性理論は
Re を ∞ として粘性効果を無視しているが,層流境界層では無視できないので,
単純には適用できない。これまで,乱流発生については実験でも数多くの報告
例がある。大まかにまとめると,層流の揺らぎ → 擾乱の発達(**トルミン・シュ**

リヒティング波（Tollmien–Schlichting wave，TS 波）と呼ばれる2次元進行波の揺らぎ）→ 乱流の部分的発生 → 組織的な乱れ（3次元化）→ 乱流に遷移 のような過程で乱流が生成される。

11.6.4　ケルビン・ヘルムホルツ不安定理論

図 11.26 のような密度の異なる二層の流れにおける境界部の攪乱発達に注目したものが，**ケルビン・ヘルムホルツ不安定理論**（Kelvin Helmholtz instability）である。一般に鉛直2次元座標で考えるが，後述のように，重力の影響を無視して平面2次元場に置き換えることも可能である。この理論では，渦なしを仮定するため，初期状態は二層の境界部で主流速が不連続としている。tanh 曲線のような連続関数を与えると，渦なしを満足しないためである。流速の異なる二つの一様流が $y=0$ の境界面で接触することを考え，この状態から攪乱がどのような条件で発達するかを議論する。境界面の $y=0$ からの偏差を $\eta(x, t)$ とする。

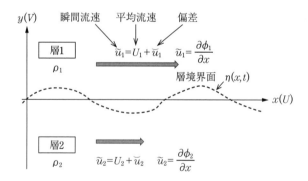

図 11.26　二層の一様流れの座標系

次式のように層1および層2の x 方向の瞬間流速 $\tilde{u}_1$，$\tilde{u}_2$ を平均流 U_1，U_2 と偏差 $\breve{u}_1$，$\breve{u}_2$ に分ける。

$$\tilde{u}_1 = U_1 + \breve{u}_1 \tag{11.63a}$$

$$\tilde{u}_2 = U_2 + \breve{u}_2 \tag{11.63b}$$

y 方向についても同様に分けるが平均流成分は 0 として，次式のよう表す。

$$\widetilde{v}_1 = \breve{v}_1 \tag{11.64a}$$

$$\widetilde{v}_2 = \breve{v}_2 \tag{11.64b}$$

つぎに渦なし流れを仮定して，速度ポテンシャルによって流速成分を次式のように表す。

$$\widetilde{u}_1 = \frac{\partial \phi_1}{\partial x}, \quad \widetilde{v}_1 = \frac{\partial \phi_1}{\partial y} \tag{11.65a}$$

$$\widetilde{u}_2 = \frac{\partial \phi_2}{\partial x}, \quad \widetilde{v}_2 = \frac{\partial \phi_2}{\partial y} \tag{11.65b}$$

境界面の偏差 η，および速度偏差に対応する速度ポテンシャル $\breve{\phi}_1$, $\breve{\phi}_2$ を式(11.66) および式(11.67) のように波数 k，波速 c で表す。

$$\eta = \hat{\eta} e^{ik(x-ct)} \tag{11.66a}$$

$$\breve{\phi}_1 = \widehat{\phi}_1(y) e^{ik(x-ct)} \tag{11.66b}$$

$$\breve{\phi}_2 = \widehat{\phi}_2(y) e^{ik(x-ct)} \tag{11.66c}$$

ここで，$\hat{\eta}$, $\widehat{\phi}_1$, $\widehat{\phi}_2$ は変動の振幅である。

$c = c_r + ic_i$ とすると，11.6.3 項と同様に $e^{ik(x-ct)} = e^{c_i kt} e^{ik(x-c_r t)}$ が得られ，$c_i > 0$ であれば初期攪乱が発達することを意味する。10.2.1 項でも用いた運動学的条件と非定常のベルヌーイ式を使って，波速を表すと

$$c = c_r + ic_i = \frac{\rho_1 U_1 + \rho_2 U_2}{\rho_1 + \rho_2} \pm \sqrt{\frac{g}{k}\frac{\rho_2 - \rho_1}{\rho_1 + \rho_2} - \rho_1 \rho_2 \left(\frac{U_1 - U_2}{\rho_1 + \rho_2}\right)^2} \tag{11.67}$$

が得られる（式の導出は付録 A.4 を参照されたい）。

ここで式(11.67) のルートの中が正であれば，$c_i = 0$ となり**中立安定**（neutrally stable）となる。つまり，$k \leq \dfrac{g}{\rho_1 \rho_2}\dfrac{\rho_2{}^2 - \rho_1{}^2}{(U_1 - U_2)^2}$ のとき中立安定である。

一方で $k > \dfrac{g}{\rho_1 \rho_2}\dfrac{\rho_2{}^2 - \rho_1{}^2}{(U_1 - U_2)^2}$ で，かつ $c_i > 0$ であれば不安定となり攪乱が発達する。

簡単のため流速差がない状態（$U_1 = U_2$）を考えると，式(11.67) のルートの中

は，$\dfrac{g}{k}\dfrac{\rho_2-\rho_1}{\rho_1+\rho_2}$ となる。つまり下層の層2が上層の層1よりも軽い場合（$\rho_2<\rho_1$）

ルートの中身は負となるので，$c_i \neq 0$ となる。加えて $c_i>0$ であれば不安定となる。一方で逆の場合（$\rho_2>\rho_1$），中立安定である。軽い流体が重い流体の上にあるときは，軽い流体がなにかのきっかけで，上層から重い流体の下層に沈んでも，浮力が復元力となって上層に戻されるので，安定な状態といえる。

　河川のような開水路で密度差がない状態（$\rho = \rho_1 = \rho_2$）を考えると，式(11.67) は

$$c = c_r + ic_i = \frac{U_1+U_2}{2} \pm \sqrt{-\left(\frac{U_1-U_2}{2}\right)^2} = \frac{U_1+U_2}{2} \pm i\frac{1}{2}|U_1-U_2| \quad (11.68)$$

となる。これから速度差があって $c_i>0$ であれば不安定となり，初期擾乱が発達する。このことは，レイリーの変曲点不安定性理論で焦点となった流速分布に変曲点がなくても，速度差があれば，擾乱が発達することを示している。

　y 軸を横断方向軸に置き換えると平面2次元場にも適用できる。このとき重力の影響を考えないので，平面2次元場で密度差がない状態の場合も，式(11.68) が得られる。河川の合流部や，橋脚の背後，洪水時の複断面流れ（河川敷が氾濫している流れ）では，主流速差が生じることが多く，鉛直軸をもつ水平渦と呼ばれる大規模渦構造が観察される。

12章 管路の乱流

12.1 管路の流速分布

　管路の内壁は，固定境界のため境界層が生成される。層流の場合，コントロールボリューム（検査領域）に作用する力は圧力と壁面せん断応力である。一方で乱流では，11.3.2 項で学んだようにレイノルズ応力が加わる。以下では層流と乱流それぞれについて，流速分布式を導出する。

12.1.1 層流の場合

　水平に置かれた半径 R の円管を流れる層流を考える。**図 12.1** に示すように長さ Δx，半径 r の円筒型の検査領域には圧力と側面せん断応力 τ_0 が作用する。r 軸は中心軸を原点とする。上流側の断面平均水圧を P とすると全水圧は $P \times \pi r^2$，下流側は $\left(P + \dfrac{\partial P}{\partial x} \Delta x \right) \times \pi r^2$ である。また全側面せん断力は $\tau_0 \times 2\pi r \Delta x$

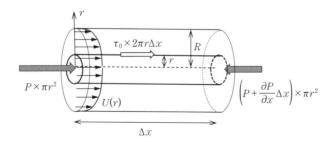

図 12.1　円管層流中の微小検査領域に作用する力

となる。これらの力のバランスは

$$P \times \pi r^2 - \left(P + \frac{\partial P}{\partial x} \Delta x\right) \times \pi r^2 + \tau_0 \times 2\pi r \Delta x = 0 \ \leftrightarrow \ \tau_0 = \frac{r \partial P}{2 \partial x} \tag{12.1}$$

と表せる。一方で層流のため，せん断応力は粘性によるものだけを考えればよい。粘性せん断応力 τ_0 はニュートンの粘性法則より

$$\tau_0 = \mu \frac{\partial U}{\partial r} \tag{12.2}$$

と書ける。式(12.1) と式(12.2) より，$\dfrac{\partial U}{\partial r} = \dfrac{r}{2\mu} \dfrac{\partial P}{\partial x}$ となる。これを $0 \sim R$ まで r で積分すると，C を積分定数として $U = \dfrac{r^2}{4\mu} \dfrac{\partial P}{\partial x} + C$ と表せる。ここで管内壁（$r = R$）では $U = 0$ となるので，$C = -\dfrac{R^2}{4\mu} \dfrac{\partial P}{\partial x}$ である。よって流速分布 $U(r)$ は次式となる。

$$U(r) = \frac{(r^2 - R^2)}{4\mu} \frac{\partial P}{\partial x} \tag{12.3}$$

このように放物線分布をもつ。管路の層流はハーゲン・ポアズイユ流れと呼ばれる。式(11.22) の RANS 方程式を円筒座標表示して，定常，$\partial U/\partial x = 0$ および層流の条件下で，非定常項，移流項およびレイノルズ応力項を無視して管径方向に積分すれば，式(12.3) が得られる。

12.1.2 乱 流 の 場 合

図 **12.2** のように管壁の一点を原点として中心軸を通るよう管内へ向かう座標を y とする。2 次元問題で考えると，式(11.22) の x 方向の成分は

$$\frac{\partial U}{\partial t} + U\frac{\partial U}{\partial x} + V\frac{\partial U}{\partial y} = -\frac{1}{\rho} \frac{\partial P}{\partial x} + \frac{1}{\rho}\left(\frac{\partial \tau_{xx}}{\partial x} + \frac{\partial \tau_{xy}}{\partial y}\right) \tag{12.4}$$

$$\tau_{xx} = \mu\frac{\partial U}{\partial x} - \rho\overline{uu}, \quad \tau_{xy} = \mu\frac{\partial U}{\partial y} - \rho\overline{uv} \tag{12.5}$$

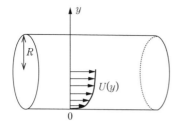

図 12.2　2 次元管路の座標系

と表せる。ここで定常，主流方向に一様（圧力以外），$V=0$ と仮定すれば

$$\frac{\partial P}{\partial x} = \frac{\partial \tau_{xy}}{\partial y} \tag{12.6}$$

$\tau_{xy}(y)$ を $\tau(y)$ と書き換えて，式(12.6) を y 方向に $y=y\sim R$ で積分すると

$$\tau = (y-R)\frac{\partial P}{\partial x} \tag{12.7}$$

となる。ここで中心軸 $y=R$ を境に流れが対称形をもつことから，境界条件として $\tau(R)=0$ とする。

　式(12.5) より $\tau = \mu\dfrac{\partial U}{\partial y} - \rho\overline{uv}$ となる。壁面から少し離れると粘性の影響が小さくなり，$\tau \cong -\rho\overline{uv}$ と近似できる。13.3 節で後述する式(13.7) の**混合距離モデル**（mixing length model）を用いれば，$\tau \cong \rho l^2\left(\dfrac{\partial U}{\partial y}\right)^2$ と表せる。**混合距離**（mixing length）l は渦の大きさに相当する長さスケールで壁面から離れると増加すると考えられる。線形的に増加するとして比例定数 κ を用いて $l=\kappa y$ と表せば

$$\tau = \rho\kappa^2 y^2\left(\frac{\partial U}{\partial y}\right)^2 \tag{12.8}$$

と書ける。混合距離モデルが適用できる壁面に近い領域では，τ が壁面せん断応力 τ_0 に等しく一定になると仮定すると，式(12.8) より次式が得られる。

$$\sqrt{\frac{\tau_0}{\rho}}\frac{1}{\kappa y} = \frac{\partial U}{\partial y} \tag{12.9}$$

摩擦速度 $U_* \equiv \sqrt{\dfrac{\tau_0}{\rho}}$ を代入して　式(12.9) を積分すると

$$\frac{U}{U_*} = \frac{1}{\kappa}\ln y + C' \tag{12.10}$$

となる。無次元変数 $U^+ \equiv \dfrac{U}{U_*}$, $y^+ \equiv \dfrac{yU_*}{\nu}$ を式(12.10) に代入し，$C = C' + \dfrac{1}{\kappa}$

$\ln \dfrac{\nu}{U_*}$とすれば，つぎの無次元流速分布式（対数則）が得られる。

$$\frac{U}{U_*} = \frac{1}{\kappa}\ln y^+ + C \tag{12.11}$$

式(12.11) の導出には複数の仮定を用いたが，実験値とよく一致することが知られている。C は 5.5 程度である。

　壁面極近傍では，レイノルズ応力よりも粘性の影響が大きくなるので，式(12.5) より $\tau = \mu\dfrac{\partial U}{\partial y}$ となる。上記と同様に，τ が壁面せん断応力 τ_0 に等しいと仮定して，$\tau_0 = \mu\dfrac{\partial U}{\partial y}$ とおく。$U(0) = 0$ を境界条件として積分すると

$$U = \frac{\tau_0}{\mu}y \ \leftrightarrow \ U^+ = y^+ \tag{12.12}$$

となり，壁面極近傍では線形分布をもつ。この領域を粘性底層と呼ぶ。

　乱流の流速分布は層流の放物線形と異なり，壁面極近傍を除いて対数形となる。これが摩擦抵抗における両者の違いの要因となる。

12.2　乱れによる摩擦損失

12.2.1　層 流 の 場 合

　式(12.3) から円管層流の断面平均流速 $U_m = Q/A$ を求める。流量 Q は**図 12.3**のようにドーナツ状の微小面積における局所流量を径方向に積分して求めると

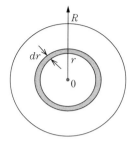

図 12.3 ドーナツ状の微小面積

$$Q = \int_0^R U(r) \times 2\pi r dr = \int_0^R \frac{(r^2 - R^2)}{4\mu} \frac{\partial P}{\partial x} \times 2\pi r dr = \frac{\pi}{2\mu} \frac{\partial P}{\partial x} \int_0^R (r^3 - R^2 r) dr$$

$$= \frac{\pi}{2\mu} \frac{\partial P}{\partial x} \left[\frac{r^4}{4} - R^2 \frac{r^2}{2} \right]_0^R = -\frac{\pi}{8\mu} \frac{dP}{dx} R^4 \tag{12.13}$$

となる。水圧は断面で一定として偏微分を普通微分に変えた。管の直径を $D = 2R$ として

$$U_m = Q/A = -\frac{\pi}{8\mu} \frac{dP}{dx} R^4 / (\pi R^2) = -\frac{1}{8\mu} \frac{dP}{dx} R^2 = -\frac{1}{32\mu} \frac{dP}{dx} D^2 \tag{12.14}$$

3章の例題 3.3 を参考に，式(12.14) より，つぎの摩擦損失係数とレイノルズ数の関係が得られる（3章では U_m を V と表記した）。

$$f = \frac{64}{\mathrm{Re}} \tag{12.15}$$

12.2.2 乱流の場合

乱流の場合，実験公式としてつぎの**ブラジウスの式**（Blasius formula），**ニクラーゼの式**（Nikuradse formula）がよく知られている。

（ブラジウスの式）　$f = 0.316\,4\,\mathrm{Re}^{-1/4}$　$(3 \times 10^3 < \mathrm{Re} < 1 \times 10^5)$

（ニクラーゼの式）　$f = 0.003\,2 + 0.221\,\mathrm{Re}^{-0.237}$　$(1 \times 10^5 < \mathrm{Re} < 3 \times 10^6)$

また式(12.11) より $U = \dfrac{U_*}{\kappa} \ln y^+ + C U_*$ となる。図 12.2 において，管の中心

$(y = R)$ で最大流速 $U_{\max}$ となるから，$U_{\max} = \dfrac{U_*}{\kappa} \ln R^+ + C U_*$ と書ける。さらに断面平均流速 U_m と最大流速の差を $C_1 U_*$ とすると，$U_{\max} = U_m + C_1 U_*$ と表せる。よって $C_2 = C - C_1$ とすれば

$$\frac{U_m}{U_*} = \frac{1}{\kappa} \ln R^+ + C_2 \tag{12.16}$$

となる。また式(3.12) の V を U_m に置き換えると，摩擦損失係数は $f = 8 \left(\dfrac{U_*}{U_m} \right)^2$

と表せる。さらに $R^+ \equiv \dfrac{R U_*}{\nu} = \dfrac{R U_m}{\nu} \sqrt{\dfrac{f}{8}} = \dfrac{D U_m}{2\nu} \sqrt{\dfrac{f}{8}} = \mathrm{Re} \, \dfrac{\sqrt{f}}{4\sqrt{2}}$ である。これら

を式(12.16) に代入すると $\sqrt{\dfrac{8}{f}} = \dfrac{1}{\kappa} \ln \left(\mathrm{Re} \, \dfrac{\sqrt{f}}{4\sqrt{2}} \right) + C_2$ となる。実験結果に合う

C_2 を選んで整理すると

$$\sqrt{\frac{1}{f}} = 2.0 \log_{10}(\mathrm{Re} \sqrt{f}) - 0.8 \tag{12.17}$$

が得られる。これが乱流場の滑面管路における摩擦損失係数の公式である。

　管内壁に凹凸があるような粗い場合，式(12.17) は摩擦損失係数を過小に見積もる。特に高い Re 数領域でのずれが顕著である。そこで粗面乱流についてはつぎの**コールブルック・ホワイト式**（Colebrook–White formula）が使われる。

$$\frac{1}{\sqrt{f}} = 1.14 - 2.0 \log_{10}\left(\frac{k_s}{D} + \frac{9.35}{\mathrm{Re}\sqrt{f}} \right) \tag{12.18}$$

相対粗度高さ k_s/D が主要パラメータとして加わる。k_s は平均的な凹凸の深さである。3 章の図 3.6 にこれらの式の概略と関係を示している。

12.3　乱れによる形状損失

　管の断面形状が局所変化すると，管内に剥離渦が生じる場合がある。例えば**図 12.4** に示す急拡部では，遷移断面のコーナーで剥離渦がみられる。このよ

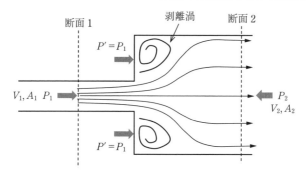

図 12.4　急拡部における剥離渦

うな渦は，太管内の主流からエネルギーを受け取ることで運動を維持すると考えられる。つまり主流は渦生成のためにエネルギーを消費しており，これが**形状損失**となる。以下，急拡と急縮の場合について考察する。

12.3.1　急 拡 の 場 合

3.3.1 項で管路の形状損失は，摩擦損失と同様に速度水頭に比例することを学んだ。特に急拡の場合は，形状損失係数が**ボルダ・カルノー式**（Borda-Carnot equation）として理論的に与えられる。これを導出する。

急拡以前の断面 1 と急拡以後に流れが回復した後の断面 2 を比較する。急拡部直下流の壁面に作用する圧力 P' が P_1 と等しいと仮定して運動量保存則を適用すると式(12.19) が得られる。

$$\rho Q(V_2 - V_1) = \frac{\pi D_1^2}{4}P_1 + \left(\frac{\pi D_2^2}{4} - \frac{\pi D_1^2}{4}\right)P_1 - \frac{\pi D_2^2}{4}P_2 \leftrightarrow \rho Q(V_2 - V_1)$$

$$= \frac{\pi D_2^2}{4}(P_1 - P_2) \tag{12.19}$$

ここで $Q = \dfrac{\pi D_2^2}{4} V_2$ を代入すると，式(12.19) は二つの断面の差圧について整理できる。

$$\frac{P_1 - P_2}{\rho g} = \frac{V_2}{g}(V_2 - V_1) \tag{12.20}$$

一方，損失水頭は，2断面のエネルギーバランスと式(12.20)より

$$h_L = \frac{P_1 - P_2}{\rho g} + \frac{V_1^2 - V_2^2}{2g} = \frac{1}{2g}(V_1 - V_2)^2 = \left\{1 - \left(\frac{D_1}{D_2}\right)^2\right\}^2 \frac{V_1^2}{2g} = \left(1 - \frac{A_1}{A_2}\right)^2 \frac{V_1^2}{2g}$$

$$\tag{12.21}$$

となる。したがって，急拡損失係数は$\left(1 - \dfrac{A_1}{A_2}\right)^2$と表せる。

12.3.2　急　縮　の　場　合

図 **12.5** のように急縮の場合，細管の中に縮流が生じ，遷移断面の上流側と下流側のコーナーに剥離渦が生じる。太管断面から細管の最縮流部までを区間 L_1，最縮流部から細管流れの発達した断面までを区間 L_2 とする。一般に L_1 の損失は区間 L_2 の損失よりもはるかに小さく，区間 L_2 のみの損失を考える。区間 L_2 の流線は，急拡部でみられるものと同様と考えることができる。最縮流部の断面積を CA_2 とすると，式(12.21)のボルダ・カルノー式を用いて

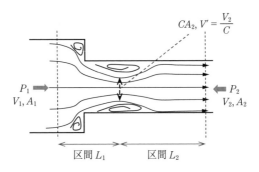

図 12.5　急縮部における剥離渦

$$h_L = \left(1 - \frac{A_1}{A_2}\right)^2 \frac{V'^2}{2g} = \left(1 - \frac{CA_2}{A_2}\right)^2 \frac{(V_2/C)^2}{2g} = \left(\frac{1}{C} - 1\right)^2 \frac{V_2^2}{2g} \tag{12.22}$$

と表せる。

13章　開水路の乱流

13.1　開水路と境界層

　一般に境界層の上部は流れが一様となるが，11章ではこの領域の厚さについては考えなかった。ここで実験水路の流れを側方から観測してみる。流れ場の奥行方向に変化がない場合，**図 13.1** のように描ける。これを 2 次元開水路と呼ぶことにする。この開水路では上流部から下流部まで，平らな路床が続いており，途中で平板やマウントのような障害物が存在しないものとする。水路に水を流すと，上流の水路入口部（inlet）から水路本体に流入が始まり定常状態になる。流れをできるだけ早く発達（一定の状態に落ち着かせる）させる inlet 部には通常，ハニカムや整流板が取り付けられる。ここではそれらについて深く考えないが，水路本体の上流端から底面摩擦によって境界層の形成が始まる。そして上流端からある距離で境界層は水面にまで達し，発達が終了する。つま

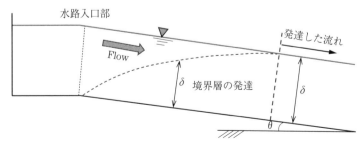

図 13.1　2 次元開水路と境界層の関係
（発達した領域は底から水面まで境界層）

り，開水路の乱流とは，水路底面から水面までの全水深領域が乱流境界層の内部の流れとなる。inlet 部のデザインにも依存するが，流れが完全発達する距離は水深の 50〜100 倍といわれている。

13.2　開水路乱流の基礎式（鉛直 2 次元）

空間に発達した開水路乱流は重力で駆動する。ここで定常かつ等流として，鉛直流速 $V=0$ とすると，x 方向の RANS 方程式はつぎのようになる。

$$U \frac{\partial U}{\partial x} + V \frac{\partial U}{\partial y} = g \sin \theta - \frac{\partial}{\partial x} \left(\frac{P}{\rho} \right) + \frac{\partial}{\partial x} \left(-\overline{u^2} \right) + \frac{\partial}{\partial y} \left(-\overline{uv} \right) + \nu \nabla^2 U$$

$$\rightarrow \quad 0 = g \sin \theta + \frac{\partial}{\partial y} \left(-\overline{uv} + \nu \frac{\partial U}{\partial y} \right) \tag{13.1}$$

ここで右辺第 2 項は，せん断応力 $\dfrac{\tau(y)}{\rho} = \left(-\overline{uv} + \nu \dfrac{\partial U}{\partial y} \right)$ の水深方向（y 方向）の変化である。θ は路床勾配である。駆動重力とせん断応力がバランスすることがわかる。せん断応力 τ の中身は，レイノルズ応力と粘性せん断応力の和となる。ここで式(13.1) を任意の高さ y から水面 h まで積分すると

$$0 = \int_y^h \left\{ g \sin \theta + \frac{\partial}{\partial y} \left(-\overline{uv} + \nu \frac{\partial U}{\partial y} \right) \right\} dy \tag{13.2}$$

が得られる。ここで $\sin \theta = I_e$（エネルギー勾配）である。式(13.2) は

$$0 = (h-y)gI_e + \frac{\tau(h) - \tau(y)}{\rho} = 0 \tag{13.3}$$

となる。さらに水面でのせん断応力 $\tau(h)$ はほぼゼロなので，次式となる。

$$\frac{\tau(y)}{\rho} = (h-y)gI_e = (1-y/h)ghI_e = U_*^2 (1 - y/h) \tag{13.4}$$

ここで摩擦速度の定義 $U_* \equiv \sqrt{ghI_e}$ を用いた。これよりせん断応力は線形分布する。壁近傍を除くと粘性せん断応力は弱く，せん断応力＝レイノルズ応力となり，底から少し離れると（全水深の壁面近傍の 10 ％程度を除くと），流速勾配

が小さくなる $\left(\dfrac{\partial U}{\partial y} \simeq 0\right)$ ので粘性の影響は小さくなる。このためレイノルズ応

力は**図 13.2** のようにこの線形分布に従う。τ を具体的に表すと次式となる。

$$\frac{\tau}{\rho} = -\overline{uv} + \nu \frac{\partial U}{\partial y} = U_*^2(1 - y/h) \tag{13.5}$$

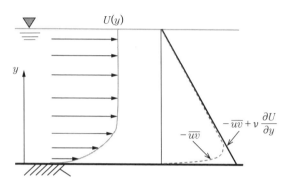

図 13.2 開水路のせん断応力分布

13.3 混合距離モデル

乱れの2次量（二乗という意味）であるレイノルズ応力は，そのままでは扱いにくいので，平均流速成分と関係づけることを考える。**図 13.3** のように，水深方向に l だけ離れた点Aと点Bを考え，その中間に点Cを取る。点Cは上方

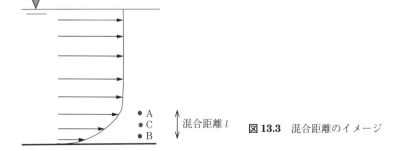

混合距離 l **図 13.3** 混合距離のイメージ

の点 A から瞬間的な高速下降流（$u>0, v<0$）が通過することがあり，逆に下方の点 B から瞬間的な低速上昇流（$u<0, v>0$）が通過することがある。この組織的な乱流特性をもとに，11.3.3 項ではレイノルズ応力は運動量の変化を表すことを説明した。

さて C–B 間，あるいは C–A 間の距離が大きくなると点 C には瞬間の上昇・下降流が届かなくなる。上昇下降流が瞬間的に影響しあう範囲を仮定し，それを混合距離 l と定義すると，これは渦の影響範囲あるいは渦径と考えることもできる。プラントルは，つぎの三つの仮定を使って，混合距離モデルを提案した。

$$\begin{array}{|l|} \hline |u| \propto |v| \\ |u| \propto |\Delta U| \\ \Delta U \propto \dfrac{\partial U}{\partial y} l \\ \hline \end{array}$$

ここで ΔU は主流速の壁面に垂直方向の差とすると，つぎのようにスケーリングできる。

$$uv \propto uu \propto (\Delta U^2) \propto \left(l \frac{\partial U}{\partial y} \right)^2 \tag{13.6}$$

したがってレイノルズ応力は，次式のように平均流速の勾配で表現できる。

$$-\overline{uv} = l^2 \left(\frac{\partial U}{\partial y} \right)^2 \tag{13.7}$$

この段階で l はまだ掴みどころのない物理量であるが見通しがよくなった。

13.4 流　速　分　布

つぎに開水路乱流の時間平均主流速の水深方向分布 $U(y)$ を計算してみよう。式(13.7) を式(13.4) に代入して整理すると

$$\frac{dU^+}{dy^+} = \frac{2(1-\xi)}{1+\sqrt{1+4l^{+2}(1-\xi)}} \tag{13.8}$$

が得られる。ここで $\xi = y/h$（$\xi = 0$：底面，$\xi = 1$：水面），$U^+ = U/U_*$，$y^+ = yU_*/$

ν, $l^+ = lU_*/\nu$ である。

13.4.1 壁 法 則

図 **13.4** のように $\xi = y/h < 0.2$ を**内層** (inner layer)，$\xi = y/h > 0.2$ を**外層** (outer layer) と呼ぶ。特に壁面（底面）近傍の内層では流速分布の変化が大きく，この領域で成立する流速分布式を**壁法則** (law of the wall) と呼ぶ。ここで壁面極近くでは $\xi \ll 1$ だから，式(13.8) は

$$\frac{dU^+}{dy^+} = \frac{2}{1 + \sqrt{1 + 4l^{+2}}} \tag{13.9}$$

となる。混合距離は壁面から離れるほど大きいと考えて（壁近くでは大きな渦は生じない），壁面からの距離に比例するとして $l^+ = \kappa y^+$ で表し，その比例定数を**カルマン定数** (von Karman constant) κ と呼ぶ。また壁面での減衰挙動を考慮して，$l^+ = \kappa y^+ \{1 - \exp(-y^+/26)\}$ と減衰関数を乗ずることもある。なお，κ は開水路では 0.41 とされている[1]†。

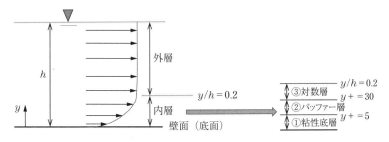

図 13.4 主流速分布の領域分け

13.4.2 内 層

内層は三つの領域に分割できる。

---

† 肩付きの番号は章末の参考文献を示す。

〔**1**〕**粘性底層**（viscous sublayer）（$y^+ \leq 5$）

最も壁面に近い領域で，粘性の影響が極めて大きい。

$l^+ \ll 1$ とすると，式(13.9) より次式が得られる。

$$\frac{dU^+}{dy^+} = 1 \;\leftrightarrow\; U^+ = y^+ \tag{13.10}$$

粘性底層ではこのように，線形分布となるうえにモデル定数も現れない。
ただし，粘性底層は非常に薄いため計測にはレーザー流速計のような高精度な非接触計器が必要である。

〔**2**〕**バッファー層**（buffer layer）（〔1〕と下記〔3〕の間）

この領域は式(13.9) を数値積分して計算する。

〔**3**〕**対数層**（logarithmic layer）（$30 \leq y^+$，$y < 0.2h$）

$l^+ \gg 1$ とすると，式(13.9) より次式が得られる。

$$\frac{dU^+}{dy^+} = \frac{1}{l^+} = \frac{1}{\kappa y^+} \;\rightarrow\; U^+ = \frac{1}{\kappa} \ln y^+ + A \tag{13.11}$$

A は積分定数で，開水路では $A = 5.29$ とされている[1]。式(13.11) を対数則と呼ぶ。

13.4.3　外　　　層

外層では対数則からずれることがわかっているが，ずれ幅はレイノルズ数（Re）に依存する。このずれをウェイク関数 $w(\xi)$ を用いてつぎのように補正する。

$$U^+ = \frac{1}{\kappa} \ln y^+ + A + w(\xi), \quad w(\xi) = \frac{2\Pi}{\kappa} \sin^2\!\left(\frac{\pi}{2}\,\xi\right) \tag{13.12}$$

これらの概形を**図13.5**に示す。Π は小さい Re ではほぼ0で対数則が水面まで成立するが，Re の増加とともに大きくなり，Re $= 10\,000$ 程度では $\Pi = 0.2$ に収束する。Π–Re の関係を**禰津・ロディ曲線**（Nezu–Rodi curve）と呼ぶ。

これらの図は縦横軸とも無次元化されており，実験水路〜実河川のように異なるスケール間での成立が期待できる。このような性質を普遍性と呼ぶ。

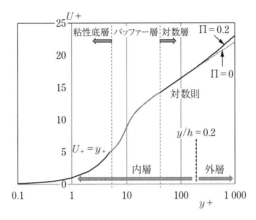

図 13.5　無次元流速の領域区分

13.5　乱 れ の 構 造

13.5.1　乱れ統計量の水深方向分布

式(13.5) より，摩擦速度 U_* で無次元化されたレイノルズ応力の分布は

$$-\overline{uv}/U_*{}^2 = (1-y/h) - \nu\,\frac{\partial U}{\partial y}/U_*{}^2 \tag{13.13}$$

となる。この右辺第 2 項が粘性による減衰効果を表す。実際に壁面近傍ではレイノルズ応力は 0 に近づく。壁面（底面）から離れると流速勾配が 0 に近づくため粘性減衰は重要でなくなる（**図 13.6**）。

レイノルズ応力の垂直成分である $\overline{uu}$, $\overline{vv}$, $\overline{ww}$ より**乱れ強度**（turbulence intensity）$u_i' = \sqrt{\overline{u_i u_i}}$ が定義される。乱れ強度は乱れエネルギーを構成する重要な物理量である。なお 1 成分流速計でも計測でき，レイノルズ応力のせん断成分（例えば $\overline{uv}$）に比べると比較的精度のよい計測が可能である。乱れ強度については，乱れエネルギー生成率と散逸率がバランスする平衡仮定より，式(13.14)〜(13.16) で表われる半理論式が得られている。これらは壁面および自由水面近傍を除いて，水路試験の結果とよく一致し，**禰津の式**（Nezu's uni-

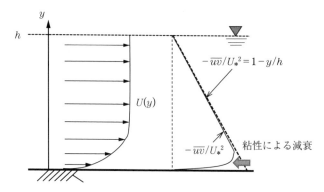

図 13.6　2 次元開水路におけるレイノルズ応力の分布

versal function）と呼ばれる。

$$\frac{u'}{U_*^{\,2}} = 2.30 \exp\left(-\frac{y}{h}\right) \quad (0.1 < y/h < 1.0) \tag{13.14}$$

$$\frac{v'}{U_*^{\,2}} = 1.27 \exp\left(-\frac{y}{h}\right) \quad (0.1 < y/h < 0.9) \tag{13.15}$$

$$\frac{w'}{U_*^{\,2}} = 1.63 \exp\left(-\frac{y}{h}\right) \quad (0.1 < y/h < 1.0) \tag{13.16}$$

　いずれも底面から水面に向かって単調現象するカーブである。開水路乱流の特徴である自由領域では，鉛直方向成分の乱れ減衰が主流および横断方向に比べて大きく，非等方性が顕著となる。なおフルード数の大きい射流では水面変動の影響が流速計測データに含まれるため，その取扱いには注意を要する。水面変動と流速変動を適切に分離して評価する必要がある。

13.5.2　平均流と乱れの輸送方程式

　時間平均流のエネルギー輸送方程式と，乱れエネルギー方程式には符号だけが反対の同一表記項がある。これを乱れの生成項と呼んでいる。このことは平均流エネルギーの一部が乱れエネルギーの生成に使われることを意味する。層流の場合は乱れずに直接，熱にエネルギーが散逸する（**図 13.7**）。実際に輸送方程式より考察してみよう。

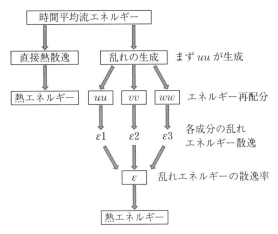

図 13.7　エネルギー生成と散逸フロー

　ナビエ・ストークス方程式より，つぎのレイノルズ応力 $R_{ij} = \overline{u_i u_j}$ の輸送方程式が得られる。

$$\frac{\partial}{\partial t} R_{ij} + U_k \frac{\partial R_{ij}}{\partial x_k} = G_{ij} + \Pi_{ij} + \frac{\partial}{\partial x_k} (J_{Tijk} + J_{Pijk} + J_{Vijk}) - \varepsilon_{ij} \qquad (13.17)$$

2次元の場合，$i, j, k = 1, 2$，3次元の場合，$i, j, k = 1, 2, 3$ をとる。ここで

　　生成項：$G_{ij} = -R_{ik} \dfrac{\partial U_j}{\partial x_k} - R_{jk} \dfrac{\partial U_i}{\partial x_k}$

　　圧力歪相関項：$\Pi_{ij} = \overline{\dfrac{p}{\rho} \left(\dfrac{\partial u_i}{\partial x_j} + \dfrac{\partial u_j}{\partial x_i} \right)}$

　　拡散項：

　　　　速度変動　$J_{Tijk} = -\overline{u_i u_j u_k}$

　　　　圧力変動　$J_{Pijk} = -\dfrac{1}{\rho} (\overline{pu_i} \delta_{jk} + \overline{pu_j} \delta_{ik})$

　　　　粘　性　　$J_{Vijk} = \nu \dfrac{\partial R_{ij}}{\partial x_k}$

　　散逸項：$\varepsilon_{ij} = 2\nu \overline{\dfrac{\partial u_i}{\partial x_k} \dfrac{\partial u_j}{\partial x_k}}$

である。理解を容易にするために，レイノルズ応力の対角成分を 2 次元で考える ($i, j, k = 1, 2$)。なお添え字 1 および 2 はそれぞれ x および y に対応する。

対角成分とは $i = j$ の場合で，各成分の垂直応力に対応する。例えば $R_{11} = \overline{u_1 u_1}$ の平方根は，方向 1 の乱れ強度 $u_1' = \sqrt{\overline{u_1 u_1}}$ となる。

① $R_{11} = \overline{u_1 u_1}$　（主流方向の乱れ）

式(13.17) は

$$\frac{\partial}{\partial t} R_{11} + U_1 \frac{\partial R_{11}}{\partial x_1} + U_2 \frac{\partial R_{11}}{\partial x_2} = -R_{11} \frac{\partial U_1}{\partial x_1} - R_{12} \frac{\partial U_1}{\partial x_2} - R_{11} \frac{\partial U_1}{\partial x_1} - R_{12} \frac{\partial U_1}{\partial x_2}$$

$$+ 2 \overline{\frac{p}{\rho} \frac{\partial u_1}{\partial x_1}} + \mathit{diffs.} - 2\nu \left(\overline{\frac{\partial u_1}{\partial x_1} \frac{\partial u_1}{\partial x_1}} + \overline{\frac{\partial u_1}{\partial x_2} \frac{\partial u_1}{\partial x_2}} \right)$$

となる。ここで $\mathit{diffs.}$ は拡散項とする。これを x–y 表示すると

$$\frac{\partial}{\partial t} \overline{uu} + U \frac{\partial \overline{uu}}{\partial x} + V \frac{\partial \overline{uu}}{\partial y} = \boxed{-2\overline{uu} \frac{\partial U}{\partial x} - 2\overline{uv} \frac{\partial U}{\partial y}} + \left(2 \overline{\frac{p}{\rho} \frac{\partial u}{\partial x}} \right) + \mathit{diffs.}$$

生成項　　　　　　　　圧力歪項

$$-2\nu \left(\overline{\frac{\partial u}{\partial x} \frac{\partial u}{\partial x}} + \overline{\frac{\partial u}{\partial y} \frac{\partial u}{\partial y}} \right) \tag{13.18}$$

と表せる。

② $R_{22} = \overline{u_2 u_2}$　水深方向の乱れ

式(13.17) は

$$\frac{\partial}{\partial t} \overline{vv} + U \frac{\partial \overline{vv}}{\partial x} + V \frac{\partial \overline{vv}}{\partial y} = \boxed{-2\overline{uv} \frac{\partial V}{\partial x} - 2\overline{vv} \frac{\partial V}{\partial y}} + \left(2 \overline{\frac{p}{\rho} \frac{\partial v}{\partial y}} \right) + \mathit{diffs.}$$

生成項　　　　　　　　圧力歪項

$$-2\nu \left(\overline{\frac{\partial v}{\partial x} \frac{\partial v}{\partial x}} + \overline{\frac{\partial v}{\partial y} \frac{\partial v}{\partial y}} \right) \tag{13.19}$$

となる。

等流（$\partial/\partial x = 0$ の場合）では

$$\overline{uu} \text{ の生成項} \ \sim \ -2\overline{uv} \frac{\partial U}{\partial y}$$

$\overline{vv}$ の生成項 ~ 0　　($V \ll U$ なので)

となる。後述するが，生成項は時間平均流からのエネルギー供給を意味する。以上のように $\overline{uu}$ 成分のみに平均流からのエネルギーが供給される。しかし，圧力ひずみ項を通じて $\overline{vv}$ 成分にもエネルギーが再配分される。平均流より主流方向の乱れにエネルギーが供給されると，少なくとも主流方向に乱れ変動が生じる（維持される）。このとき局所的にひずみ速度 $(\partial u/\partial x)$ が生じる。連続式は変動成分についても成立するから，ひずみ速度 $(\partial v/\partial y = -\partial u/\partial x)$ が生じる。もし $\partial u/\partial x < 0$ なら，$\partial v/\partial y > 0$ となり，圧力変動との相関が高い場合には，式(13.18) より $\overline{uu}$ のエネルギーが減じて，式(13.19) よりその分 $\overline{vv}$ のエネルギーが増えることを意味する。これがエネルギーの各方向への再配分機構である。最後に乱れは熱に変換される。

　ここでは2次元場を仮定したときに，方向3（流れの横断方向）の平均流速 W とその変動成分 w をゼロとしているが，$W = 0$ であっても，$w = 0$ とは限らない。簡便性を優先して上記のように2次元で解説したが，あくまでも実際は3次元の現象であることに注意を要する。

　平均流エネルギーを $K = \dfrac{1}{2} U_i U_i$ とすると，この輸送方程式はつぎのように与えられる。

$$\frac{\partial}{\partial t} K + U_j \frac{\partial K}{\partial x_j} = -G - \nu \frac{\partial U_i}{\partial x_j} \frac{\partial U_i}{\partial x_j} + \frac{\partial}{\partial x_j} \left(-U_i R_{ij} - \frac{P}{\rho} U_i \delta_{ij} + \nu \frac{\partial K}{\partial x_j} \right)$$

(13.20)

式(13.21) の乱れエネルギー方程式の生成項 G にマイナスがついて右辺に現れる。これより平均流より乱れへエネルギーが供給されることがわかる。

13.5.3　水深方向の乱れエネルギー平衡

　乱れエネルギー　$k = \dfrac{1}{2} \overline{u_i u_i} = \dfrac{1}{2} (\overline{u_1 u_1} + \overline{u_2 u_2} + \overline{u_3 u_3})$（3次元の場合）はレイノルズ応力の対角成分の総和なので，式(13.17) の対角成分を足し合わせると乱

れエネルギー方程式が得られる。

$$\frac{\partial}{\partial t}k + U_j\frac{\partial k}{\partial x_j} = G + \frac{\partial}{\partial x_j}(J_{Tj} + J_{Pj} + J_{Vj}) - \varepsilon \qquad (13.21)$$

生成項：$G = -R_{ij}\dfrac{\partial U_i}{\partial x_j}$

拡散項：速度変動　$J_{Tj} = -\dfrac{1}{2}\overline{u_i u_i u_j}$

　　　　圧力変動　$J_{Pj} = -\overline{\dfrac{p}{\rho}u_j}$

　　　　粘　性　　$J_{Vj} = \nu\dfrac{\partial k}{\partial x_j}$

散逸項：$\varepsilon = \nu\overline{\dfrac{\partial u_i}{\partial x_j}\dfrac{\partial u_i}{\partial x_j}}$

　式(13.17) の圧力歪相関項は，連続式より足し合わせると消失する。このことからも，圧力ひずみ相関項は成分間のエネルギーの輸送のみに寄与することがわかる。ここで G は平均流からのエネルギー供給率で，乱れの生成項である。一方で ε は乱れエネルギー散逸率であり，さらに小さな渦へのエネルギー供給や熱変換に伴う乱れエネルギーの消失率を意味する。したがって $G = \varepsilon$ であれば乱れエネルギーは平衡状態といえる。

　式(13.14)〜(13.16) は平衡状態を仮定した半理論式である。G と ε については，既往研究の実験結果からおおむね**図 13.8** のような分布をもつことがわかっている。これより水路の底面と水面近傍では，G と ε のバランスが崩れることがわかる。これらを除く半水深域を中心に，平衡領域がみられる。底面と水面付近の乱れエネルギーの収支はつぎの特性がある。

　（底面近傍）：ここでは $G > \varepsilon$ となり，乱れ生成が過剰となる。次節で説明するバースティングなどの組織構造は乱れエネルギーの非平衡性と関係すると考えられている。過剰となった乱れエネルギーは水面側に拡散輸送される。

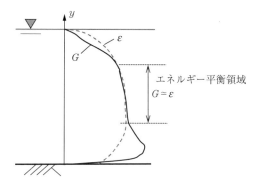

図 13.8 乱れエネルギー発生率と散逸率の分布の概形

（自由水面近傍）：ここでは反対に $G<\varepsilon$ となり，乱れ生成が不足する。流速勾配 $\partial U/\partial y$ がほぼ0であることより G もほぼ0になることが理解できよう。不足分を補おうと下層から乱れエネルギーが拡散されてくる。

13.6 組 織 構 造

乱流はランダムな現象ではなく，ある特徴的なイベントが生じることが知られており，**組織構造**（coherent structure）と呼ぶ。特に開水路乱流が活発に生成される水路底面では，ヘアピン渦やバースティング現象の発生が多くの数値計算や水路実験より確認されている。バースティングは，**図 13.9** のように底

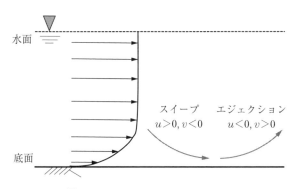

図 13.9 バースティングのイメージ

面の低速流が上層に上昇する**エジェクション**（ejection）を指すことが多い。発
達した乱流境界層ではエジェクションはヘアピン渦と関係して生じ，上層の高
速流が瞬間的に底面付近に下降する**スイープ**（sweep）も伴う。実河川では土
砂の洗掘・堆積，溶存物の着床，運動量の上下層交換などに重要な役割をもつ。

このような組織構造を抽出する方法の一つとして4象限区分法がよく使われ
る。これは主流方向と鉛直方向それぞれの流速変動成分を2次元座標にプロッ
トし，閾値を設けてスイープ，エジェクションの寄与率を評価するものであ
る。ランダムな現象であれば円状に分布するが第2象限のエジェクション，第
4象限のスイープが生じると楕円型の分布となる。

$$RS_i = (\overline{uv})^{-1} \cdot \lim_{T \to \infty} \frac{1}{T} \int_0^T uvI_i dt \quad (i = 1 \sim 4) \tag{13.22}$$

(u, v) が i 象限に存在するとき，I_i は1，それ以外は0となる。なおこれらの各
象限はつぎの現象に対応している。

RS_1：outward interaction　$(i = 1)$

RS_2：ejection　（エジェクション）　$(i = 2)$

RS_3：inward interaction　$(i = 3)$

RS_4：sweep　（スイープ）　$(i = 4)$

一般に滑面平坦の開水路では，$RS_2 > RS_4$ となりエジェクションがスイープ
に比べて卓越することが知られている。また底面が粗度要素や水没植生から構
成される粗面の開水路では逆の傾向，すなわち $RS_2 < RS_4$ となりスイープが卓
越する。底面の粗滑と組織構造の関係については未解明な点が多く今後の研究
展開が期待される。2成分流速計で計測された流速変動の時系列データを**図
13.10** に示す $(u-v)$ 散布図にまとめると組織構造の存在を示すことができる。
組織構造が存在しない，いわゆるランダムな流速変動では，図（a）のように4
象限にほぼ均等に変動流速が分布する。一方でエジェクションとスイープのよ
うな組織構造が発生する場合には，図（b）のように傾いた楕円形のように分布
する。

層流境界層から乱流境界層への遷移過程において，x 方向に波数をもつ2次

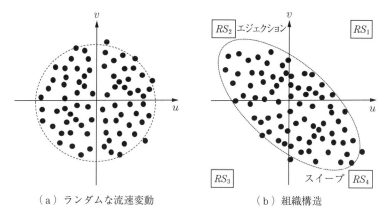

（a）ランダムな流速変動 （b）組織構造

図 13.10 流速変動の主流および鉛直方向成分の散布図

元のトルミン・シュリヒティング波（TS 波）は不安定化し線形的に発達する。Asai & Nishioka[2)]は，TS 波の擾乱がある程度大きくなると，斜行波が発生し，速度変動の強弱がスパン方向に分布することを示した。これはピーク・バレー構造と呼ばれる。**図 13.11** のように横断軸をもつ渦管が現れ，局所的に渦管の中央が下流側に押されて変形すると考えれば，やがて渦管の変形に伴い両端

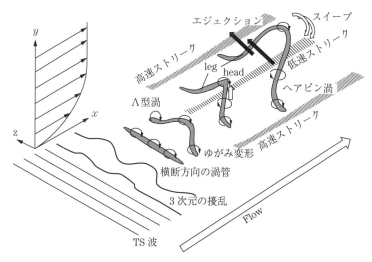

図 13.11 層流から乱流境界層への遷移過程におけるヘアピン渦の発達

（leg）が主流方向に近づき Λ 型渦となる。二つの leg は縦渦を形成し，leg の内側は上昇流が生じる。これにより渦管中央部（head）がリフトアップし，Λ 型渦が形成される。head は局所的にシア（$\partial \tilde{u}/\partial y$）をもち，周囲流れは不安定化するため乱れが増強する。head はさらにリフトアップし**ヘアピン渦**（hairpin vortex）に成長する。ヘアピン渦の head の上流側には路床から水面側に向かうエジェクションが発生し，head の下流側には下降流のスイープが発生する。エジェクションによる上昇を伴うヘアピン渦の脚部間の壁面近傍は，低速ストリークとなる。ここで**ストリーク**（streak）とは，図 13.11 に示すように流速分布の縞構造を意味し，低速ストリークには低速の流体が集中的に分布している。低速ストリーク自身の不安定性により組織構造を再生成し，底面近傍の乱流生成の維持機構に重要な役割をもつ。

Kline ら[3]は，水素気泡法を用いて，発達した乱流境界層のバッファー層において高速および低速ストリークが生じることを発見した。ストリークの横断方向の間隔は内部変数表示で $\Delta z^+ \equiv \Delta z U_*/\nu = 100$ となり，多くの後続研究でも同様の結果が得られ普遍性の高い特性といえる。

Adrian ら[4]は，**図 13.12** のようにパケットと呼ばれる複数のヘアピン渦の群体化構造を報告した。**図 13.13** は画像計測で捉えた開水路乱流におけるヘアピン渦の一例である。a〜c に示されるヘアピン渦の head が時間とともに流下す

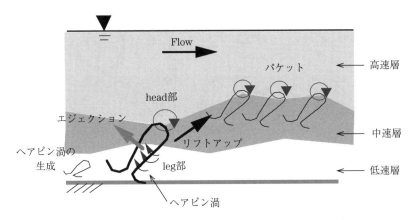

図 13.12　ヘアピン渦モデル（Adrian のモデル[4]）の概念図[5]

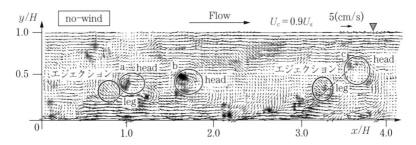

図 13.13　開水路流れで実測したヘアピン渦（水路側方から計測。水面主流速の 90 ％
値を差し引いた瞬間流速ベクトル）[5]

る様子が捉えられている。leg 部にエジェクションによる上昇流が観察される。

参　考　文　献

1) Nezu, I. and Rodi, W.: Open-channel flow measurements with a laser Doppler ane-
mometer, *J. Hydraulic Engineering*, **112**, 5, pp.335–355 （1986）

2) Asai, M. and Nishioka, M.: Origin of the peak-valley wave structure leading to wall
turbulence, *J. Fluid Mech.*, **208**, pp.1–23 （1989）

3) Kline, S. J., Reynolds, W. C. and Schraub, F. A. & Runstadler, P. W. : The structure of
turbulent boundary layers, *J. Fluid Mech.*, **30**, pp.741–773 （1967）

4) Adrian RJ, Meinhart C.D. and Tomkins C.D.: Vortex organization in the outer region
of the turbulent boundary layer, *J. Fluid Mech.*, **422**, pp.1–54 （2000）

5) Sanjou, M. and Nezu, I.: Turbulence structure and coherent vortices in open-channel
flows with wind-induced water waves, *Environmental Fluid Mechanics,* **11**, 2,
pp.113–131 （2011）

14章　複素速度ポテンシャルによる流れの表現

14.1　流れの数学的表現

　6章ではポテンシャル流理論を扱い，渦度や流れ関数を使って基本的な流れの分布を，数学的な関数で表現する方法を学んだ。本章では数学的な背景とともに詳細にこのトピックスを取り上げる。前半ではポテンシャル流理論で必要となる複素数と複素関数の**コーシー・リーマンの関係式**（Cauchy–Riemann equations）について考察し，後半では複素速度ポテンシャルと代表的な流れの表現について説明する。

14.2　複素関数とコーシー・リーマンの関係

14.2.1　あらためて複素数とは？

　$i^2 = -1$ で定義されるものを考え，$x + iy$ で与えるのが複素数と習った。また中学生では2次方程式の実解がない場合，"解なし"と対応したが，複素数の概念の導入により，$\sqrt{}$ の中身が負でも解を表せるようになった。しかし，イメージがもう一つ掴めず，釈然としない読者も多いと思う。

14.2.2　数　　直　　線

　ここで，一旦複素数を忘れて，小学生の算数に戻って実数だけ考えよう。まず算数では正の数だけ考え，その数直線は1方向であった。

　中学生では，負の数を学びマイナスの世界を表すため数直線は＋と－の2方向となった。これまで，負の数は正の数に－をかける，あるいは－1をかけて定義すると習った。これを回転で考えてみよう。**図14.1**のように0と2の間にピタリと重なる棒を置いてみると，当たり前だが両端は0と2に一致する。0を中心として180°回転すると片方の端は－2に移動することは理解できよう。つまり－1をかけるということは180°の回転に対応する。回転という概念がキーポイントといえる。

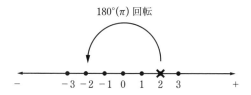

図14.1　数直線における正負値の回転の概念

14.2.3　複　素　平　面

　数直線を応用すると位置情報を数値化できる。例えば数直線を東西方向として0を基点とすると東に200 m，西に300 m（東に－300 m）と表現できる（**図14.2**）。地図上では2次元で考えるので南北軸を縦軸として加えよう。横軸 x，縦軸 y と考えてもかまわない。いま，東に2の点を点Aとする。これを180°

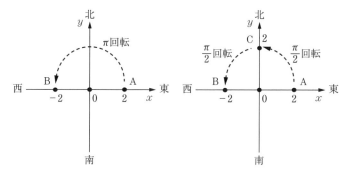

図14.2　東西南北面における回転の概念

（π）回転させると点 A → 点 B に移動して西に 2（東に－2）となる。

それでは，90°（$\pi/2$）回転するとどうなるか？　点 A は南北軸の点 C に移動する。原点からの距離は同じく 2 となる。さらに点 C を 90°回転すると点 B に移動する。つまり $\pi/2$ 回転を 2 回続けると点 A は負値に相当する点 B に移動する。そこで $\pi/2$ 回転を表す数として i を考えると，$i^2 = -1$ と定義できる。

これまで唐突にこの定義が表れ，意味がよくわからなかった読者も多いかもしれないが，このように数値軸の数値の回転を考えるとイメージしやすい。では x 軸上にある ＋r の位置の点が，角度 θ 回転したらどうなるか？　横の東西軸を実数軸，縦の南北軸を虚数軸とする。まず ＋r の点が $\pi/2$ 回転して虚数軸に移動し，この点を ri と表す。半径 r の円周上を θ 回転する点を P とする（**図 14.3**）。

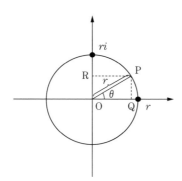

図 14.3　円周上の点の動き

ベクトル OP を **V** とすると x, y 方向の成分は V_x, V_y として

$$\mathbf{V} = V_x \cdot \mathbf{e_x} + V_y \cdot \mathbf{e_y} = V_x \cdot \begin{pmatrix} 0 \\ 1 \end{pmatrix} + V_y \cdot \begin{pmatrix} 1 \\ 0 \end{pmatrix} \tag{14.1}$$

と表せる。ここで **e$_x$**, **e$_y$** は単位ベクトルである。**V** の x, y 方向の大きさは，それぞれ $r\cos\theta$, $r\sin\theta$ なので点 Q は $r\cos\theta$, 点 R は $r\sin\theta\, i$ と表せる。式(14.1)を参考に点 P を，$r\cos\theta + r\sin\theta\, i$ と表すことにする。大きさ 1 の複素数を

$$e(\theta) = \cos\theta + i\sin\theta \tag{14.2}$$

と定義すれば，$r\cos\theta + ir\sin\theta = re(\theta)$ となる。つまり，点 P は原点 O からの距離 r と回転角 θ の積で表せる。なお

$$e(\theta_1)e(\theta_2) = e(\theta_1 + \theta_2) \tag{14.3}$$

である。**図 14.4** に示すように，これは θ_1 回転させた後，θ_2 回転させるものと，一度に $\theta_1 + \theta_2$ 回転したものは等しいことを意味する。

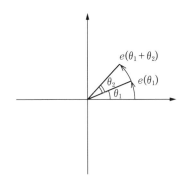

図 14.4　回転角の積のイメージ

14.2.4　オイラーの公式

式(14.2) を θ で微分すると θ に関する微分方程式が得られる。これを解くと

$$e^{i\theta} = \cos\theta + i\sin\theta \tag{14.4}$$

が得られる。これを**オイラーの公式**（Euler's formula）と呼び，指数関数と三角関数を変換する便利な公式である。

14.2.5　複素関数の描画

複素数を表す変数 z は $z = x + iy$ あるいは $z = re^{i\theta}$ と表すが，本項では前者を使い説明する。任意の複素関数を $f(z) = f(x + iy)$ と書くと，これは二つの実変数 x，y の関数とも解釈できる。ここでイメージをつかむため，例として 2 次関数 $w = f(z) = z^2$ を考える。$z = x + iy$ を代入すると $w = f(z) = z^2 = (x + iy)^2 = x^2 - y^2 + 2ixy$ となる。ここで実数部と虚数部をそれぞれ $u(x, y)$，$v(x, y)$ とすれば，$u = x^2 - y^2$，$v = 2xy$ と書ける。つまり $w = f(z) = u(x, y) + iv(x, y)$ である。

実関数 $y = x^2$ は**図 14.5** のように紙面に簡単に描くことができる。

一方で w を表すには実軸が $u(x, y)$，虚軸が $v(x, y)$ の複素平面が必要である。少しややこしいが，$w = f(z)$ を表すには

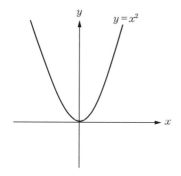

図 **14.5**　実数の 2 次関数の描画

・z を表す x 軸と y 軸

・w を表す u 軸と v 軸

の計 4 軸，つまり 4 次元空間が必要なので，残念ながら紙面に描くことはできない。そこで x-y 平面と u-v 平面を別々に用意して段階的に考えてみよう。ただし，x-y 平面上の z の動きは無数にあるので一例を取り上げる。

（**パターン 1**）z が x 軸に平行に $y = b$ 上を移動する場合（ただし $b > 0$）

まず x-y 平面に z の動きを描くと z の移動範囲は $-\infty < x < \infty$ である（**図 14.6**（a））。ここで $u = x^2 - y^2$，$v = 2xy$ に $y = b$ を代入すると，$u = x^2 - b^2$，$v = 2bx$ となる。これより x を消去すれば $u = v^2/4b^2 - b^2$ となる。ここで $-\infty < v < \infty$ である。u-v 平面に図示すると図 14.6（b）のとおりとなり，z が x-y 平面で実軸に平行に動くとき w は 2 次曲線を描く。

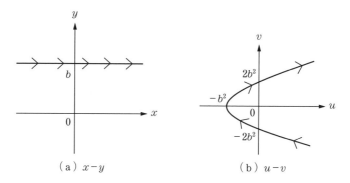

（a）x-y　　　　　　　　　　（b）u-v

図 **14.6**　x-y 平面の z に対する u-v 平面の w の動き（パターン 1）

（**パターン2**）z が y 軸に平行に $x=a$ 上を移動するとき（ただし $a>0$）

$x=a$ より，$u=a^2-y^2$，$v=2ay$ となる。これより y を消去すれば，$u=-v^2/4a^2+a^2$ となる。ここで $-\infty<v<\infty$。よって，**図14.7**（a）および図（b）のような概形が得られる。

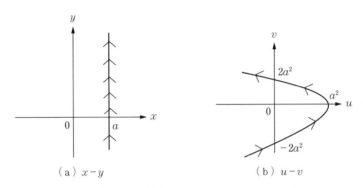

（a）$x-y$　　　　　　　　　　　（b）$u-v$

図14.7　$x-y$ 平面の z に対する $u-v$ 平面の w の動き（パターン2）

14.2.6　複素関数の微分可能性とコーシー・リーマンの関係式

続いて複素関数の微分可能性について考えよう。まず実関数の微分可能性（つまりある位置で微分できるかということ）について復習する。

$y=f(x)$ の $x=x_0$ における微分は，つぎの極限値

$$\lim_{x\to x_0}\frac{f(x)-f(x_0)}{x-x_0} \tag{14.5}$$

を計算することである（x_0 での接線の傾き）。もしこの極限値が存在するとき $y=f(x)$ は $x=x_0$ で微分可能という。微分可能なためには $f(x)$ が連続かつ滑らかである必要がある。連続でも $x=x_0$ で微分不可の例をみてみよう。**図14.8** に示す V 字形の関数を考える。

式(14.5) を考えると，右から x_0 に近づくとき分母，分子ともに正なので，式(14.5) は正の値となる。一方で左から x_0 に近づくとき分母は負，分子は正なので，式(14.5) は負の値となる。よって近づく方向により極限が一つに定まらないため，式(14.5) の極限値は存在しない，すなわち微分不可である。

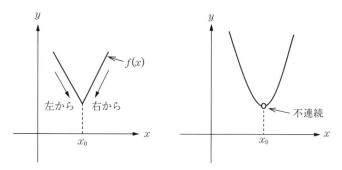

図 14.8　連続だが微分不可の例　　**図 14.9**　不連続点で微分不可の例

これは滑らかでないために微分不可になる例である。なお滑らかでも**図14.9**のように不連続であれば，その点での微分も不可能である。

同様に複素関数 $f(z)$ が点 z_0 で微分可能であるためには

$$\lim_{z \to z_0} \frac{f(z) - f(z_0)}{z - z_0} \tag{14.6}$$

が z の近づく方向に関係なく同じ値をもつ必要がある。z は x-y 平面上，さまざまな方向から z_0 に近づけるが，つぎのように，直交する独立な x, y 軸に沿う近づき方のみ考えればよい。これは平面の場合，すべての近づく方向を独立な x と y の2軸で表せるからである。

① x 軸（実軸）に平行に近づくとき（$y = y_0$）

まず $f(z) = u(x, y) + i\, v(x, y)$ とおくと極限は次式のように計算できる。

$$\lim_{z \to z_0} \frac{f(z) - f(z_0)}{z - z_0} = \lim_{x \to x_0} \frac{f(x + iy_0) - f(x_0 + iy_0)}{(x + iy_0) - (x_0 + iy_0)}$$

$$= \lim_{x \to x_0} \frac{\{u(x, y_0) + iv(x, y_0)\} - \{u(x_0, y_0) + iv(x_0, y_0)\}}{x - x_0}$$

$$= \lim_{x \to x_0} \frac{u(x, y_0) - u(x_0, y_0)}{x - x_0} + i \lim_{x \to x_0} \frac{v(x, y_0) - v(x_0, y_0)}{x - x_0}$$

$$= \left. \frac{\partial u(x, y)}{\partial x} \right|_{\substack{x = x_0 \\ y = y_0}} + i \left. \frac{\partial v(x, y)}{\partial x} \right|_{\substack{x = x_0 \\ y = y_0}} \tag{14.7}$$

② y 軸（虚軸）に平行に近づくとき（$x = x_0$）

同様に次式のように計算できる。

$$\lim_{z \to z_0} \frac{f(z) - f(z_0)}{z - z_0} = \frac{1}{i} \lim_{y \to y_0} \frac{u(x_0, y) - u(x_0, y_0)}{y - y_0} + \lim_{y \to y_0} \frac{v(x_0, y) - v(x_0, y_0)}{y - y_0}$$

$$= \frac{1}{i} \left. \frac{\partial u(x, y)}{\partial y} \right|_{\substack{x = x_0 \\ y = y_0}} + \left. \frac{\partial v(x, y)}{\partial y} \right|_{\substack{x = x_0 \\ y = y_0}} \tag{14.8}$$

これらの近づき方は**図 14.10** のように表せる。

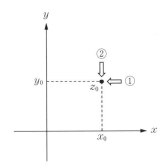

図 14.10　複素平面上の点 z_0 への近づき方

　微分可能であるためには，異なる近づき方の極限が一致する必要があるので，式(14.7) = 式(14.8) となる。よって

$$\frac{\partial u}{\partial x} + i \frac{\partial v}{\partial x} = \frac{1}{i} \frac{\partial u}{\partial y} + \frac{\partial v}{\partial y}$$

$$\leftrightarrow i \frac{\partial u}{\partial x} - \frac{\partial v}{\partial x} = \frac{\partial u}{\partial y} + i \frac{\partial v}{\partial y} \tag{14.9}$$

$$\leftrightarrow \left. \frac{\partial u}{\partial x} \right|_{\substack{x = x_0 \\ y = y_0}} = \left. \frac{\partial v}{\partial y} \right|_{\substack{x = x_0 \\ y = y_0}}, \quad \left. \frac{\partial u}{\partial y} \right|_{\substack{x = x_0 \\ y = y_0}} = - \left. \frac{\partial v}{\partial x} \right|_{\substack{x = x_0 \\ y = y_0}}$$

を得る。これを**コーシー・リーマンの関係式**（Cauchy–Riemann equation）と呼び，つぎのようにまとめられる。

$f(z) = u(x, y) + iv(x, y)$ が微分可能であるための必要十分条件は

① $u(x, y)$ と $v(x, y)$ の偏導関数が連続

② コーシー・リーマンの関係式を満たす

14.3　流線の定義と流れ関数

　前節の複素関数の知識をもとに，流れの数学的表現の話題に戻る。さて早速，数学を使って流線を定義しよう。6.1 節の図 6.1 のように，$x-y$ 平面上の流れ（水でも空気でもよい）を考える。特にある時刻 t のある点 (x, y) における流線上の流体粒子の運動を考えよう。微小時間 dt に流線上を進む距離を $ds = \sqrt{dx^2 + dy^2}$ とする。これをベクトル表示すると，$d\mathbf{s} = (dx, dy)$ となる。同じ点での速度ベクトルを $\mathbf{V} = (U, V)$ とする。ここで速度ベクトルの大きさを $q = \sqrt{U^2 + V^2}$ とする。

　さてベクトル $d\mathbf{s}$ とベクトル $\mathbf{V}$ は平行になるはずなので

$$\frac{dx}{U} = \frac{dy}{V} = \frac{ds}{q} = (dt) \tag{14.10}$$

と書ける。これから

$$\frac{dx}{ds} = U(x, y, t)/q \tag{14.11}$$

$$\frac{dy}{ds} = V(x, y, t)/q \tag{14.12}$$

となる。これらを積分すると，s についての関数を使って $x = f_1(s)$，$y = f_2(s)$ と表せる。また，式(14.11) と式(14.12) より ds を消去して

$$\frac{dx}{U} = \frac{dy}{V} \quad \leftrightarrow \quad -Vdx + Udy = 0 \tag{14.13}$$

が得られる。この解を ψ（流れ関数）とする。ここでの全微分（以下の補足説

明を参照）は次式で定義される。

$$d\psi = \frac{\partial\psi}{\partial x}dx + \frac{\partial\psi}{\partial y}dy \qquad (14.14)$$

式(14.13) と比較して

$$\frac{\partial\psi}{\partial x} = -V, \quad \frac{\partial\psi}{\partial y} = U \qquad (14.15)$$

とおくと $d\psi = \dfrac{\partial\psi}{\partial x}dx + \dfrac{\partial\psi}{\partial y}dy = -Vdx + Udy = 0$ となる。よって $\psi = \text{constant}$ である。これは図6.2でみたように $\psi(x, y)$ の等値線が流線となることを意味する。式(14.15) より流れ関数が与えられれば，それぞれの方向で偏微分することで，流速ベクトル (U, V) が計算できる。

ここで微分形の連続式 (14.16) を考える。

$$\frac{\partial U}{\partial x} + \frac{\partial V}{\partial y} = 0 \;\leftrightarrow\; \frac{\partial(-V)}{\partial y} = \frac{\partial U}{\partial x} \qquad (14.16)$$

式(14.15) を使って式(14.16) の各辺を計算すると，左辺は $\dfrac{\partial(-V)}{\partial y} = \dfrac{\partial}{\partial y}\left(\dfrac{\partial\psi}{\partial x}\right)$

$= \dfrac{\partial}{\partial y}\dfrac{\partial}{\partial x}\psi$, 右辺は $\dfrac{\partial U}{\partial x} = \dfrac{\partial}{\partial x}\left(\dfrac{\partial\psi}{\partial y}\right) = \dfrac{\partial}{\partial x}\dfrac{\partial}{\partial y}\psi$ となる。左辺＝右辺なので，

式(14.15) の関係式は連続式を満たすことが確認できる。なお流体力学や水理学で扱うのは通常連続な関数なので偏微分の順序は交換可能である。

式(14.14) の全微分について補足する。**図 14.11** の３次元空間に，二変数関数 $z = f(x, y)$ を考える。例えば，(x, y) をある場所の座標，z をその場所の標高とイメージできる。図の $f(x, y)$ は山の斜面の一部を表している。各方向の偏微分と微小距離を足し合わせたものを全微分と呼び

$$df = \frac{\partial f}{\partial x}dx + \frac{\partial f}{\partial y}dy \qquad (14.17)$$

と表す。点 (x, y) からそれぞれの方向に微小距離移動した点 $(x + dx, \; y + dy)$ の高さの差を表す。

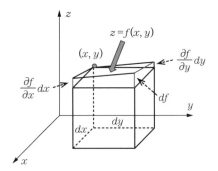

図 14.11　全微分のイメージ

14.4　渦度の定義と速度ポテンシャル

14.4.1　渦 度 の 概 念

　渦と聞いてなにを思い浮かべるだろうか？　グルグルの渦巻き状のものは，身の回りにたくさんあるが，例えば水については鳴門の渦潮や，気象ニュースでよくみる台風の衛星画像も渦に見える。一般用語で使う，渦には明確な定義がなく，見た目の感覚に基づくように思われるが，流体力学では，数学的に判定する。ここでは代表的な判定基準である**渦度**について説明する。

　まず，**図 14.12** のように 2 次元空間で，なんらかの流れがあるとする。そこにある微小な長方形領域（微小要素 ABCD）に注目する。点 A は原点 O にある

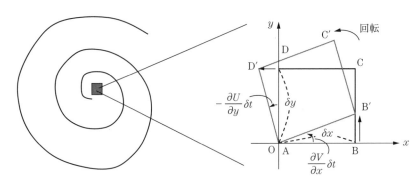

図 14.12　渦度の概念

とする。このとき時間 δt の間に，微小要素が原点を中心に反時計回りに少し回転し，AB'C'D' になったとする。

　原点 O（= 点 A）の流速 $(U_O,\ V_O)$ を使うと，点 B の y 方向の速度は $V_B = V_O + \dfrac{\partial V}{\partial x}\delta x$ となる。同じく点 D の x 方向の速度は $U_D = U_O + \dfrac{\partial(-U)}{\partial y}\delta y$ となる。ここで U に $-$ の符号がついているのは x 軸方向をプラスとしており，点 D はマイナス方向に動いているためである。いま，点 A からこの現象を観察すると $U_O = V_O = 0$ となる。よって $V_B = \dfrac{\partial V}{\partial x}\delta x,\ U_D = -\dfrac{\partial U}{\partial y}\delta y$ である。すなわち点 B および点 D の移動距離はそれぞれ，$BB' = \dfrac{\partial V}{\partial x}\delta x \delta t,\ DD' = -\dfrac{\partial U}{\partial y}\delta y \delta t$ と書ける。したがって，単位時間当りの角度の増加率（つまり角速度）は，それぞれ $\dfrac{\partial V}{\partial x}$，$-\dfrac{\partial U}{\partial y}$ となる。結局，ABCD 全体の角速度はこれらの平均として $\dfrac{1}{2}\left(\dfrac{\partial V}{\partial x} - \dfrac{\partial U}{\partial y}\right)$ と与えられる。この結果を考慮して，以下に定義する ω を**渦度**と呼ぶ。

$$\omega \equiv \frac{\partial V}{\partial x} - \frac{\partial U}{\partial y} \tag{14.18}$$

　これは流体要素の回転に関係するもので，3 次元空間では 3 軸の回転があり渦度はベクトル $(\omega_1,\ \omega_2,\ \omega_3)$ となる。

　流れ場全体が，$\omega = 0$ の場合，"渦なし流れ"，そうでない場合，"渦あり流れ" と呼ぶ。これは流体力学上の定義であって，$\omega = 0$ でも後出の図 14.18 の**渦糸**（vortex filament）のように，視覚的に渦にみえる渦もあることに注意が必要である。とてもややこしいが，"渦なしの渦" というものが存在する。

14.4.2　速度ポテンシャル

　2 次元場のスカラー関数を考える。スカラーとは方向はもたず，ある座標ごとに数値だけをもっているもので，具体的には，温度や高度などの分布関数で

ある。ここでいうポテンシャルとは，"ベクトルを生み出せるスカラー"とイメージすればよい。特にスカラー関数 $\phi(x,\ y)$ を各方向に偏微分すればその方向の速度成分が得られるとき，そのスカラー関数を**速度ポテンシャル**（velocity potential）と呼ぶ。式(6.2)を再記する。

$$\frac{\partial \phi}{\partial x} = U, \quad \frac{\partial \phi}{\partial y} = V \tag{14.19}$$

例題6.1で示したように，流れ関数と同じくラプラスの式を満たす。

14.4.3　渦度と速度ポテンシャルの関係

じつは速度ポテンシャル ϕ は，いつも存在するとは限らず，ある条件の下で存在する。もし ϕ が存在すれば，渦度は $\omega = \dfrac{\partial V}{\partial x} - \dfrac{\partial U}{\partial y} = \dfrac{\partial^2 \phi}{\partial x \partial y} - \dfrac{\partial^2 \phi}{\partial x \partial y} = 0$ となり，流れ場は $\omega = 0$（渦なし）となる。つまり，「ϕ が存在」→「$\omega = 0$（渦なし）」といえる。逆に $\omega = 0$（渦なし）ならどうなるか？　この議論には，つぎの**全微分**の数学定理を使う。

> ───────☆ここで全微分の定理───────
>
> ある関数　$P(x,y)dx + Q(x,y)dy$　が
>
> ある関数　$f(x,y)$ の全微分 df であるための必要十分条件は
>
> $$\frac{\partial P(x,y)}{\partial y} = \frac{\partial Q(x,y)}{\partial x}$$

上の定理を用いてある関数 $Udx + Vdy$ が ϕ の全微分 $d\phi$ であるためには，$\dfrac{\partial U}{\partial y} = \dfrac{\partial V}{\partial x}$ が要求されるが，渦なしであればこれは満たされ，$d\phi = \dfrac{\partial \phi}{\partial x}dx + \dfrac{\partial \phi}{\partial y}dy = Udx + Vdy$ となる。すなわち，$U = \dfrac{\partial \phi}{\partial x}$，$V = \dfrac{\partial \phi}{\partial y}$ が得られ，ϕ は速度ポテンシャルとなる。つまり，「$\omega = 0$（渦なし）」→「ϕ が存在」といえる。つぎのようにまとめられる。

> 速度ポテンシャル ϕ が存在　⇔　$\omega = 0$（渦なし）

　なお，流れ関数は，連続式に基づいて導出されるので水理学で扱うほとんど
の現象で存在する。

14.4.4　等ポテンシャル線と流線の関係

　$\phi = $ constant の線を**等ポテンシャル線**（equipotential lines）と呼び，流線と
直交する（**図 14.13**）。

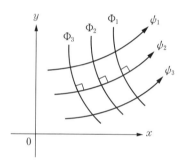

図 14.13　等ポテンシャル線と流線

　この理由をベクトル解析により考察する。あるスカラー関数 f について，
$\mathrm{grad} \cdot f = \left(\dfrac{\partial f}{\partial x}, \ \dfrac{\partial f}{\partial y} \right)$ を定義する。つまり grad を作用するとスカラーからベ
クトルが作られる。ベクトル $\mathrm{grad} \cdot f$ は等高線の坂の向きを示していることに
注意する。よって $\mathrm{grad} \cdot f$ は f の等高線と直交し，これを法線ベクトルと呼ぶ。
ここで ϕ と φ の grad は，$\mathrm{grad} \cdot \phi = \left(\dfrac{\partial \phi}{\partial x}, \ \dfrac{\partial \phi}{\partial y} \right)$ および $\mathrm{grad} \cdot \psi = \left(\dfrac{\partial \psi}{\partial x}, \ \dfrac{\partial \psi}{\partial y} \right)$
である。これらの内積は，$\mathrm{grad}\phi \cdot \mathrm{grad}\psi = \dfrac{\partial \phi}{\partial x} \dfrac{\partial \psi}{\partial x} + \dfrac{\partial \phi}{\partial y} \dfrac{\partial \psi}{\partial y} = \dfrac{\partial \phi}{\partial x} \left(-\dfrac{\partial \phi}{\partial y} \right) +$
$\dfrac{\partial \phi}{\partial y} \dfrac{\partial \phi}{\partial x} = 0$ となる。よって ϕ と φ の法線ベクトルは直交し，流線と等ポテン
シャル線は直交する。

14.5 複素速度ポテンシャルによる流れの表現

14.5.1 複素速度ポテンシャル

複素速度ポテンシャルは，速度ポテンシャルと流れ関数から構成される複素関数である。もう一度，速度ポテンシャルと流れ関数を復習する。

・速度ポテンシャル $\quad U = \dfrac{\partial \phi}{\partial x}, \ \ V = \dfrac{\partial \phi}{\partial y}$

・流れ関数 $\quad\quad\quad U = \dfrac{\partial \psi}{\partial y}, \ \ V = -\dfrac{\partial \psi}{\partial x}$

つまり

$$\frac{\partial \phi}{\partial x} = \frac{\partial \psi}{\partial y}, \ \ \frac{\partial \phi}{\partial y} = -\frac{\partial \psi}{\partial x} \tag{14.20}$$

が成り立つ。ここで複素速度ポテンシャル $f(z)$ を次式のように定義すれば，式(14.20) はコーシー・リーマンの関係式となる。

$$f(z) = \phi + i\psi \tag{14.21}$$

したがって，式(14.21) で表せる複素関数 $f(z)$ の微分可能性が保証される。

さらに変数が x, y から z の1種類に減らせるため見通しがよい。微分すると

$$(x方向) \quad \frac{\partial f}{\partial x} = \frac{df}{dz}\frac{\partial z}{\partial x} = \frac{df}{dz}\frac{\partial(x+iy)}{\partial x} = \frac{df}{dz}$$

$$(y方向) \quad \frac{\partial f}{\partial y} = \frac{df}{dz}\frac{\partial z}{\partial y} = \frac{df}{dz}\frac{\partial(x+iy)}{\partial y} = i\frac{df}{dz}$$

となる。よって次式が得られる。

$$\frac{df}{dz} = \frac{\partial f}{\partial x} = \frac{\partial(\phi+i\varphi)}{\partial x} = U - iV \tag{14.22}$$

つまり，f を z で微分すると，実部に U，虚部に $-V$ が表れる。つぎに極座標で考える（$r-\theta$ 座標）。

図 14.14 より，ある点における速度の半径方向成分 U_r と回転方向成分 U_θ は

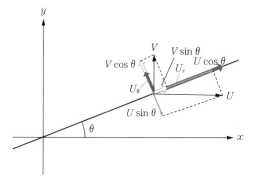

図 14.14　極座標とベクトル変換

$U_r = U\cos\theta + V\sin\theta$,　$U_\theta = -U\sin\theta + V\cos\theta$ と表せる。ここで $U_r - iU_\theta$ を計算してみると

$$U_r - iU_\theta = (U\cos\theta + V\sin\theta) - i(-U\sin\theta + V\cos\theta)$$

$$= (\cos\theta + i\sin\theta)(U - iV) = e^{i\theta}\frac{df}{dz}$$

となる。これに式(14.22)と式(14.4)のオイラーの公式を使うと

$$\frac{df}{dz} = (U_r - iU_\theta)e^{-i\theta} \tag{14.23}$$

となる。つまり，$\dfrac{df}{dz}$ を $e^{-i\theta}$ を含む形で表すと，U_r と U_θ が表に出てくる。

14.5.2　基本的な流れ場の例

〔1〕**一様流**（uniform flow）

$f(z) = U_0 z$（U_0：実数）を考える。

z で微分すると $\dfrac{df}{dz} = U_0 = U - iV$ なので $U = U_0$,　$V = 0$ と x および y 方向の流速成分が得られる。これは x 軸に平行で一定の大きさ U_0 をもつ一様流である（**図 14.15**）。

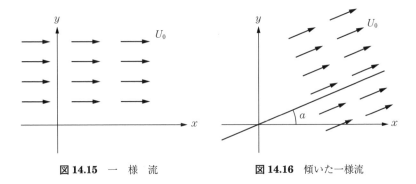

図 14.15 一　様　流　　　　　**図 14.16** 傾いた一様流

つぎに，$f(z) = U_0 e^{-ia} z$ を考える。微分すると，$\dfrac{df}{dz} = U_0 e^{-ia}$ となる。式(14.23) と比べて，$U_r = U_0$, $U_\theta = 0$ となる。これは x 軸から角度 a 傾いた方向に流れる一様流を表す（**図 14.16**）。

式(14.23) を使わない場合，$z = x + iy$ を使う。$f(z)$ を x, y を用いて実部と虚部を分けて速度ポテンシャルを求め，それを微分すれば速度が計算できる。

$$f(z) = U_0 e^{-ia} z$$
$$= U_0(\cos a - i \sin a)z = U_0(\cos a - i \sin a)(x + iy)$$
$$= U_0(x \cos a + y \sin a) + iU_0(y \cos a - x \sin a)$$

ここではつぎのオイラーの公式を用いた。

> （メモ）オイラーの公式
> $$e^{i\theta} = \cos \theta + i \sin \theta$$
> $$e^{-i\theta} = \cos \theta - i \sin \theta$$

実部は速度ポテンシャルなので，$\phi = U_0(x \cos a + y \sin a)$ となる。これをそれぞれの方向で偏微分して，$U = \dfrac{\partial \phi}{\partial x} = U_0 \cos a$, $V = \dfrac{\partial \phi}{\partial y} = U_0 \sin a$ となる。これは確かに x 軸に対して角度 a 傾き，さらに大きさが U_0 の一様流を示す。

> （メモ）
>
> 極座標でも速度ポテンシャルを偏微分すると各方向の速度成分が計算できる。
>
> $$U_r = \frac{\partial \phi}{\partial r}, \quad U_\theta = \frac{1}{r}\frac{\partial \phi}{\partial r}$$
>
> （注意）θ 成分のほうは，分母に r が必要である。

〔2〕わき出し（source）とすい込み（sink）

$f(z) = Q \ln z$　（Q：実数）を考える。微分すると，$\dfrac{df}{dz} = \dfrac{Q}{z} = \dfrac{Q}{r}e^{-i\theta}$ となり，

式(14.23) より，$U_r = \dfrac{Q}{r}$，$U_\theta = 0$ である。これより，**図 14.17** のように $Q > 0$ の場合は原点より放射（わき出し），$Q < 0$ の場合は原点へのすい込みを表す。

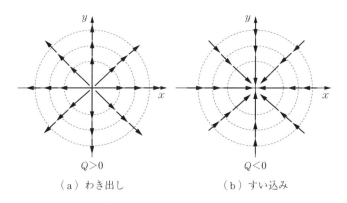

|（a）わき出し|（b）すい込み|

図 14.17　わき出しとすい込み

　$r = 0$（原点 $z = 0$）では計算できない（特異点）。原点 $z = 0$ では $f(z)$ は微分不可で，ポテンシャルや流れ関数の概念が使えない。つぎに原点を除く流線を考察してみよう。

　$f(z) = Q \ln(re^{i\theta}) = Q \ln r + iQ\theta$ から，$\phi = Q \ln r$，$\psi = Q\theta$ となる。これから流れ関数に着目すると，r には依存せず θ にのみ依存する。よって $\psi = \text{constant}$

であれば θ も constant である。1 本の流線上では流れ関数は一定だから，この場合の流線は原点を中心とする放射線と一致する。

〔**3**〕**渦糸**（vortex filament）

$f(z) = -iK \ln z$ 　（K：実数）を考える。微分すると $\dfrac{df}{dz} = -iK\left(\dfrac{1}{z}\right) = -i\dfrac{K}{r}e^{-i\theta}$

となる。式(14.23) と比べて $U_r = 0$, $U_\theta = \dfrac{K}{r}$ となる。これより，$K>0$ の場合は原点を反時計回りに回る流れ，$K<0$ の場合：原点を時計回りに回る流れ（**図14.18**）となる。いずれも流速は原点からの距離に反比例して小さくなる。このような流れを渦糸と呼ぶ。

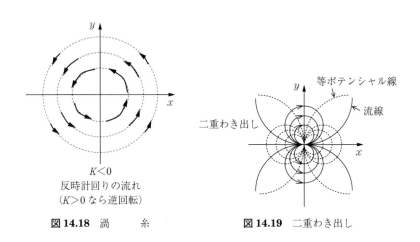

図 14.18　渦　　糸　　　　　　　**図 14.19**　二重わき出し

〔**4**〕**二重わき出し**（doublet）

$x - y$ 平面において $z = a$ の点に強さ $Q>0$ のわき出しと $z = -a$ の点にすい込みを配置する。これらの複素速度ポテンシャルは，原点にある場合からの平行移動を考えて，それぞれ $Q\ln(z-a)$, $-Q\ln(z+a)$ と表せる。これらを足した複素速度ポテンシャル $f(z) = Q\ln(z-a) - Q\ln(z+a) = Q\ln\dfrac{z-a}{z+a}$ を考える。これをテイラー展開すると

$$f(z) = Q\left\{ -\frac{a}{z} - \frac{1}{2}\left(\frac{a}{z}\right)^2 - \frac{1}{3}\left(\frac{a}{z}\right)^3 \cdots \right\} - Q\left\{ \frac{a}{z} - \frac{1}{2}\left(\frac{a}{z}\right)^2 + \frac{1}{3}\left(\frac{a}{z}\right)^3 \cdots \right\}$$

$$= -\frac{2Qa}{z}\left\{ 1 + \frac{1}{3}\left(\frac{a}{z}\right)^2 + \cdots \right\}$$

ここで $\beta = 2Qa$ とする。$\beta = 2Qa$ は一定に保ったまま，わき出しとすい込みの距離を近づけることを考える。上式の極限 $a \to 0$（ただし β は一定）をとると，$f(z) = -\dfrac{\beta}{z}$ となる。これは二重わき出しと呼ばれる複素速度ポテンシャルで，流れの概形は**図 14.19** のとおりである。

14.5.3　重ね合わせによる複雑流れの例

　複数の複素速度ポテンシャルを足し合わせると，おのおのの基本場を組み合わせたような流れ場になる。前項でみた二重わき出しもその一例である。ここでは，一様流＋わき出しの流れ（**図 14.20**）を考える。これらを足し合わせた複素速度ポテンシャルは，$f(z) = Uz + Q \ln z$ となり，放射状のわき出しが，一方向に流されるイメージである（**図 14.21**）。

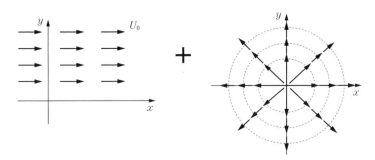

図 14.20　一様流＋わき出し

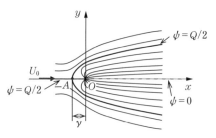

図14.21　一様流＋わき出しの重ね合わせによる流れ場

$f(z)$ を微分して速度を求めると，$\dfrac{df}{dz} = U_0 + \dfrac{Q}{z} = U_0 + \dfrac{Q}{x+iy} = U_0 + \dfrac{Qx}{x^2+y^2}$

$-i\dfrac{Qy}{x^2+y^2}$ となる。式(14.22) と比較して，x 方向の流速成分は $U = U_0 + \dfrac{Qx}{x^2+y^2}$，

y 方向の流速成分は $\dfrac{Qy}{x^2+y^2}$ である。x 軸上（$y=0$）の流れに注目すると $U = U_0$

$+\dfrac{Q}{x}$，$V = 0$ となる。無限遠（$x = \pm\infty$）では $U = U_0$ で，一様流となる。$x = -\dfrac{Q}{U_0}$

（$= -\gamma$ とする）では $U = 0$ で流れがない。x の負の無限遠（$x = -\infty$）より近づ
く一様流は，原点にある吹き出しによって流速が減衰し，$x = -\gamma$ ではよどみ
点 A（流速がゼロ）を形成する。

　$f(z)$ よりポテンシャルと流れ関数を求めてみる。まず $z = re^{i\theta}$ を代入して，
$f(z)$ を実部と虚部に分けてみる。

$$f(z) = U_0 re^{i\theta} + Q \ln re^{i\theta} = U_0 r(\cos\theta + i\sin\theta) + Q(\ln r + i\theta)$$
$$= (U_0 r \cos\theta + Q \ln r) + i(U_0 r \sin\theta + Q\theta)$$

よって，速度ポテンシャル $\phi = U_0 r \cos\theta + Q \ln r$，流れ関数 $\psi = U_0 r \sin\theta +$
$Q\theta$ となる。流れ関数に，$\theta = 0$（x 軸上の $x > 0$ に対応）を代入すると $\psi = 0$，θ
$= \pi$（x 軸上の $x < 0$ に対応）を代入すると，$\psi = \pi Q$ となる。$x > 0$ と $x < 0$ で，
x 軸上に沿う流線は別物といえる。ここで半無限の薄い板が，$x = \gamma$ を先端に x
軸上に置かれているとイメージしよう。$x < \gamma$ から 1 本の流れが $x = \gamma$ に向かっ
てくる。$x > \gamma$ では板を避けるように流れる。つまり，この複素速度ポテン
シャルは，一様流の中に半無限長の薄い板を置いた場合の流れ（のような流
れ）を表す。

付　　　録

A.1　断面 2 次モーメント

式(1.12) の浮体の安定公式で用いる断面 2 次モーメントは，部材の曲げにくさを表す指標である。図 A.1 のように部材の曲げにくさは，曲げ方向と部材の厚みに関係がある。

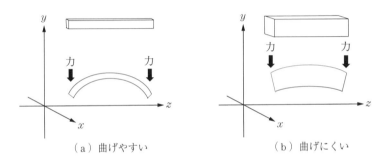

（a）曲げやすい　　　　　　　　　　（b）曲げにくい

図 A.1　曲げやすい材料と曲げにくい材料

図 A.2 に示す部材のある断面を考え，この 2 次元座標を x-y とする。断面 2 次モーメントは，二つの軸方向のそれぞれについて定義できる。

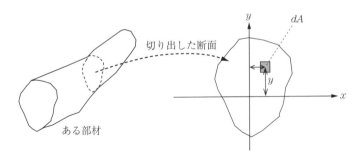

図 A.2　部材の切り出しと断面座標

断面内の微小領域 dA を全面積にわたって積分したもので

（x 軸についての断面 2 次モーメント）　　$I_x = \int y^2 dA$

（y 軸についての断面 2 次モーメント）　　$I_y = \int x^2 dA$

と定義する。図 A.1（a）および（b）のような曲げにくさを考える場合は，I_x を計算すればよい。図（b）のほうが図（a）よりも I_x が大きくなり，曲がりにくいことがわかる。

よく使う長方形断面の部材について計算してみる。ここで**図 A.3** に示す幅 b，高さ h の長方形断面を考える。この場合の I_x は斜線部を y 方向に $-2/h \sim 2/h$ の範囲で積分したものだから，$I_x = \int y^2 dA = \int_{-h/2}^{h/2} y^2 b\,dy = \dfrac{bh^3}{12}$ となる。同様に $I_y = \dfrac{b^3 h}{12}$ と計算できる。また半径 r の円の場合は $I_x = \pi r^4/4$ となる。

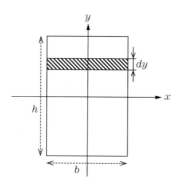

図 A.3　長方形断面の例

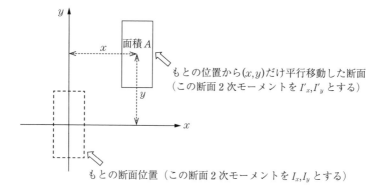

もとの位置から(x, y)だけ平行移動した断面
（この断面 2 次モーメントを I'_x, I'_y とする）

もとの断面位置（この断面 2 次モーメントを I_x, I_y とする）

図 A.4　平行軸の定理

　つぎに平行軸の定理について説明する。これは，**図 A.4** のように断面が軸から平行移動した場合の断面 2 次モーメント I' を簡単に計算できる便利な定理で，移動前後の断面 2 次モーメントは，$I'_x = I_x + Ay^2$，$I'_y = I_y + Ax^2$ の関係がある。

A.2　せん断応力とひずみ角の関係

　図 A.5 のように x 方向のみせん断変形を受ける状況を考える。このとき $\Delta l = \Delta u \Delta t$ であるから，$\Delta \alpha \simeq 0$ として $\Delta \alpha = \dfrac{\Delta l}{\Delta y}\left(\tan \dfrac{\Delta l}{\Delta y} \simeq \dfrac{\Delta l}{\Delta y}\right)$ となる。よって $\Delta \alpha = \dfrac{\Delta u}{\Delta y}\Delta t$ となる。したがって $\Delta t \to 0$ として $\dfrac{\partial \alpha}{\partial t} = \dfrac{\partial u}{\partial y}$ となる。さらに $\tau = \mu\dfrac{\partial u}{\partial y}$ なので

$$\tau = \mu\frac{\partial \alpha}{\partial t} \tag{A.1}$$

と書ける。

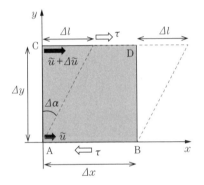

図 A.5　x 軸方向にせん断変形を
　　　　受ける流体要素

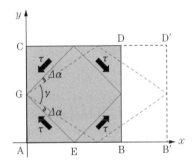

図 A.6　引張による内部ひずみ

　図 A.6 のような，ひし形に式 (A.1) を適用する。ひずみ角は，$\gamma = \dfrac{\pi}{2} - 2\Delta \alpha$ である。$\Delta \alpha$ は x, y 両軸の引張によるひずみ角である。よって，$\dfrac{\partial \gamma}{\partial t} = -2\dfrac{\partial \alpha}{\partial t}$ となり，式(9.7) が得られる。ただし，式(9.7) は式 (A.1) と異なり，x, y 軸両方の引張を含んでいる。

A.3　ライプニッツ則

式 (A.2)（式(10.6) 再掲）のライプニッツ則を証明する。

$$\frac{d}{dx}\left(\int_{f(x)}^{g(x)} W(x,y)dy\right) = \int_{f(x)}^{g(x)} \frac{\partial W}{\partial x}dy + W(x,g(x))\frac{\partial g}{\partial x} - W(x,f(x))\frac{\partial f}{\partial x}$$

(A.2)

式 (A.2) の左辺は，以下のように展開される。

$$\frac{d}{dx}\left(\int_{f(x)}^{g(x)} W(x,y)dy\right) = \lim_{\Delta x \to 0}\frac{1}{\Delta x}\left\{\int_{f(x+\Delta x)}^{g(x+\Delta x)} W(x+\Delta x,y)dy - \int_{f(x)}^{g(x)} W(x,y)dy\right\}$$

$$= \lim_{\Delta x \to 0}\frac{1}{\Delta x}\left\{\int_{f(x+\Delta x)}^{g(x+\Delta x)} W(x+\Delta x,y)dy - \int_{f(x+\Delta x)}^{g(x+\Delta x)} W(x,y)dy\right.$$

$$\left. + \int_{f(x+\Delta x)}^{g(x+\Delta x)} W(x,y)dy - \int_{f(x)}^{g(x)} W(x,y)dy\right\}$$

ここで第 1 および第 2 項と，第 3 および第 4 項を分けて考えると

$$\lim_{\Delta x \to 0}\frac{1}{\Delta x}\left\{\int_{f(x+\Delta x)}^{g(x+\Delta x)} W(x+\Delta x,y) - W(x,y)dy\right\}$$

$$+ \lim_{\Delta x \to 0}\frac{1}{\Delta x}\left\{\int_{f(x+\Delta x)}^{g(x+\Delta x)} W(x,y)dy - \int_{f(x)}^{g(x)} W(x,y)dy\right\}$$

$$= \int_{f(x+\Delta x)}^{g(x+\Delta x)} \lim_{\Delta x \to 0}\frac{W(x+\Delta x,y) - W(x,y)dy}{\Delta x}$$

$$+ \lim_{\Delta x \to 0}\frac{1}{\Delta x}\left\{\int_{f(x+\Delta x)}^{g(x+\Delta x)} W(x,y)dy - \int_{f(x)}^{g(x)} W(x,y)dy\right\}$$

$$= \int_{f(x)}^{g(x)} \frac{\partial W}{\partial x}dy + \lim_{\Delta x \to 0}\frac{1}{\Delta x}\left\{\int_{f(x+\Delta x)}^{g(x+\Delta x)} W(x,y)dy - \int_{f(x)}^{g(x)} W(x,y)dy\right\}$$

となる。第 1 項の積分区間は $\Delta x \cong 0$ として $f(x) \sim g(x)$ とした。さらに上式を変形すると

$$\int_{f(x)}^{g(x)} \frac{\partial W}{\partial x}dy + \lim_{\Delta x \to 0}\frac{1}{\Delta x}\left\{\int_{f(x)+\frac{\partial f(x)}{\partial x}\Delta x}^{g(x)+\frac{\partial g(x)}{\partial x}\Delta x} W(x,y)dy - \int_{f(x)}^{g(x)} W(x,y)dy\right\}$$

$$= \int_{f(x)}^{g(x)} \frac{\partial W}{\partial x}dy + \lim_{\Delta x \to 0}\frac{1}{\Delta x}\left\{\int_{f(x)+\Delta f(x)}^{g(x)+\Delta g(x)} W(x,y)dy - \int_{f(x)}^{g(x)} W(x,y)dy\right\}$$

となり

$$\frac{d}{dx}\left(\int_{f(x)}^{g(x)} W(x,y)dy\right)$$

$$= \int_{f(x)}^{g(x)} \frac{\partial W}{\partial x}dy + \lim_{\Delta x \to 0}\frac{1}{\Delta x}\left\{\int_{g(x)}^{g(x)+\Delta g(x)} W(x,y)dy - \int_{f(x)}^{f(x)+\Delta f(x)} W(x,y)dy\right\}$$

(A.3)

と表せる。ここで次式の積分公式を用いる。

$$\lim_{\Delta x \to 0} \frac{1}{\Delta x} \int_{x}^{x+\Delta x} f(x,t)dt = f(x,x) \tag{A.4}$$

式 (A.3) の右辺第 2 および第 3 項に式 (A.4) を適用する。このとき合成関数の微分であることに注意すると

$$\lim_{\Delta x \to 0} \frac{1}{\Delta x} \left\{ \int_{g(x)}^{g(x)+\Delta g(x)} W(x,y)dy - \int_{f(x)}^{f(x)+\Delta f(x)} W(x,y)dy \right\}$$

$$= W(x,g(x))\frac{\partial g}{\partial x} - W(x,f(x))\frac{\partial f}{\partial x}$$

となる。これを式 (A.3) に代入すると，式 (A.2) のライプニッツ則が得られる。

A.4 ケルビン・ヘルムホルツ不安定理論

層 1 と層 2 の速度ポテンシャル ϕ_1, ϕ_2 は式 (A.5) と式 (A.6) のラプラス式を満たす。

$$\nabla^2 \phi_1 = 0 \tag{A.5}$$

$$\nabla^2 \phi_2 = 0 \tag{A.6}$$

境界面から十分離れた領域では，流れの変動は無視できると仮定して

$$\nabla \phi_1 = (U_1, 0) \quad (y \to \infty) \tag{A.7}$$

$$\nabla \phi_2 = (U_2, 0) \quad (y \to -\infty) \tag{A.8}$$

とする。運動学的境界条件を二層の境界面に適用すると次式となる。

$$\frac{\partial \eta}{\partial t} + \tilde{u}\frac{\partial \eta}{\partial x} = \tilde{v} \quad \text{at } y = \eta(x,t) \tag{A.9}$$

瞬間流速を平均流と偏差に分けると，式 (A.9) は次式となる。

$$\frac{\partial \eta}{\partial t} + (U_1 + \breve{u}_1)\frac{\partial \eta}{\partial x} = \breve{v}_1 \quad \text{at } y = \eta(x,t) \tag{A.10}$$

また ϕ_1, ϕ_2 についても同様にして，式 (A.11) および式 (A.12) が得られる。

$$\frac{\partial \phi_1}{\partial y} = \frac{\partial \eta}{\partial t} + (U_1 + \breve{u}_1)\frac{\partial \eta}{\partial x} \quad \text{at } y = \eta(x,t) \tag{A.11}$$

$$\frac{\partial \phi_2}{\partial y} = \frac{\partial \eta}{\partial t} + (U_2 + \breve{u}_2)\frac{\partial \eta}{\partial x} \quad \text{at } y = \eta(x,t) \tag{A.12}$$

ここで $\breve{v}_1 = \dfrac{\partial \phi_1}{\partial y}$, $\breve{v}_2 = \dfrac{\partial \phi_2}{\partial y}$ とした。非定常ベルヌーイ式(10.33) を x 方向に積分したものを層 1 および層 2 に適用すると式 (A.13a) および式 (A.13b) となる。

$$\frac{\partial \phi_1}{\partial t} + \frac{P_1}{\rho_1} + \frac{|\nabla \phi_1|^2}{2} + gy = C_1 \tag{A.13a}$$

$$\frac{\partial \phi_2}{\partial t} + \frac{P_2}{\rho_2} + \frac{|\nabla \phi_2|^2}{2} + gy = C_2 \tag{A.13b}$$

境界面 $(y = \eta)$ で層 1 と層 2 の圧力が一致する $(P_1 = P_2)$ ので，次式が得られる。

$$\rho_1\left(\frac{\partial \phi_1}{\partial t} + \frac{|\nabla \phi_1|^2}{2} - C_1\right) = \rho_2\left(\frac{\partial \phi_2}{\partial t} + \frac{|\nabla \phi_2|^2}{2} - C_2\right) \tag{A.14}$$

ここで平均流についてベルヌーイ式を考えると，次式が得られる．

$$\rho_1\left(\frac{U_1^2}{2} - C_1\right) = \rho_2\left(\frac{U_2^2}{2} - C_2\right) \tag{A.15}$$

次式のように速度ポテンシャルを平均流成分と偏差に分ける．

$$\phi_1 = U_1 x + \breve{\phi}_1, \quad \phi_2 = U_2 x + \breve{\phi}_2 \tag{A.16}$$

これらを式 (A.5) および式 (A.6) に代入すると

$$\nabla^2 \breve{\phi}_1 = 0, \quad \nabla^2 \breve{\phi}_2 = 0 \tag{A.17}$$

となる．式 (A.7) および式 (A.8) で仮定したように境界から離れた領域では偏差は存在しないので

$$\nabla \breve{\phi}_1 = 0 \, (y \to \infty), \quad \nabla \breve{\phi}_2 = 0 \, (y \to -\infty) \tag{A.18}$$

となる．式 (A.11) および式 (A.12) において $y = \eta$ を $y = 0$ に置き換えて，2 次の項を消去すると，式 (A.19a) および式 (A.19b) のように線形化される．

$$\frac{\partial \breve{\phi}_1}{\partial y} = \frac{\partial \eta}{\partial t} + U_1 \frac{\partial \eta}{\partial x} \quad \text{at} \quad y = 0 \tag{A.19a}$$

$$\frac{\partial \breve{\phi}_2}{\partial y} = \frac{\partial \eta}{\partial t} + U_2 \frac{\partial \eta}{\partial x} \quad \text{at} \quad y = 0 \tag{A.19b}$$

式 (A.16) を式 (A.13a) に代入すると

$$\frac{\partial (U_1 x + \breve{\phi}_1)}{\partial t} + \frac{P_1}{\rho_1} + \frac{1}{2}|\nabla (U_1 x + \breve{\phi}_1)|^2 + g\eta = C_1$$

$$\leftrightarrow \frac{\partial \breve{\phi}_1}{\partial t} + \frac{P_1}{\rho_1} + \frac{1}{2}\left[\left\{\frac{\partial}{\partial x}(U_1 x + \breve{\phi}_1)\right\}^2 + \left\{\frac{\partial}{\partial y}(U_1 x + \breve{\phi}_1)\right\}^2\right] + g\eta = C_1$$

$$\leftrightarrow \frac{\partial \breve{\phi}_1}{\partial t} + \frac{P_1}{\rho_1} + \frac{1}{2}\left[\left\{U_1 + \frac{\partial \breve{\phi}_1}{\partial x}\right\}^2 + \left\{\frac{\partial}{\partial y}(\breve{\phi}_1)\right\}^2\right] + g\eta = C_1$$

と変形できる．ここで偏差量の積を無視するとつぎのように圧力が表せる

$$-P_1 = \rho_1\left(\frac{\partial \breve{\phi}_1}{\partial t} + \frac{1}{2}U_1^2 + U_1 \frac{\partial \breve{\phi}_1}{\partial x} + g\eta - C_1\right)$$

同様に式 (A.13b) から

$$-P_2 = \rho_2\left(\frac{\partial \breve{\phi}_2}{\partial t} + \frac{1}{2}U_2^2 + U_2 \frac{\partial \breve{\phi}_2}{\partial x} + g\eta - C_2\right)$$

が得られる．境界面 $(y = \eta)$ で $P_1 = P_2$ であることと，式 (A.15) より次式が得られる．

$$\rho_1\left(\frac{\partial \breve{\phi}_1}{\partial t} + U_1 \frac{\partial \breve{\phi}_1}{\partial x} + g\eta\right) = \rho_2\left(\frac{\partial \breve{\phi}_2}{\partial t} + U_2 \frac{\partial \breve{\phi}_2}{\partial x} + g\eta\right) \tag{A.20}$$

式 (A.19a)，(A.19b)，(A.20) が基礎式となり，これらから η，$\breve{\phi}_1$，$\breve{\phi}_2$ を解くことが最終ゴールとなる。

η，$\breve{\phi}_1$，$\breve{\phi}_2$ を式 (A.21)，(A.22a)，(A.22b) のように表す。

$$\eta = \hat{\eta}e^{ik(x-ct)} \tag{A.21}$$

$$\breve{\phi}_1 = \hat{\phi}_1(y)e^{ik(x-ct)} \tag{A.22a}$$

$$\breve{\phi}_2 = \hat{\phi}_2(y)e^{ik(x-ct)} \tag{A.22b}$$

式 (A.22a) を式 (A.17) に代入すると $\dfrac{d^2\hat{\phi}_1}{dy^2} = k^2\hat{\phi}_1$ が得られる。これを解くと，$\hat{\phi}_1 = Ae^{-ky}$

$+ Ce^{ky}$ となる。同様に式 (A.22b) を式 (A.17) に代入して解くと $\hat{\phi}_2 = De^{-ky} + Be^{ky}$ となる。これらを式 (A.22) に代入する。このとき，式 (A.18) を満たすためには，$C = D = 0$ となる必要がある。よって速度ポテンシャルの偏差は

$$\hat{\phi}_1 = Ae^{-ky} \tag{A.23a}$$

$$\hat{\phi}_2 = Be^{ky} \tag{A.23b}$$

となる。改めて式 (A.21)，(A.22a)，(A.22b) は式 (A.24)，(A.25a)，(A.25b) となる。

$$\eta = \hat{\eta}e^{ik(x-ct)} \tag{A.24}$$

$$\breve{\phi}_1 = Ae^{-ky}e^{ik(x-ct)} \tag{A.25a}$$

$$\breve{\phi}_2 = Be^{ky}e^{ik(x-ct)} \tag{A.25b}$$

式 (A.24) と式 (A.25a) を式 (A.19a) に代入すると

$$\frac{\partial}{\partial y}\left(Ae^{-ky}e^{ik(x-ct)}\right) = \frac{\partial}{\partial t}\left(\hat{\eta}e^{ik(x-ct)}\right) + U_1\frac{\partial}{\partial x}\left(\hat{\eta}e^{ik(x-ct)}\right)$$

$$\leftrightarrow -kAe^{-ky}e^{ik(x-ct)} = -ikc\hat{\eta}e^{ik(x-ct)} + ikU_1\hat{\eta}e^{ik(x-ct)}$$

$$\leftrightarrow Ae^{-ky} = -i\hat{\eta}(U_1-c)$$

と式展開できる。これは $y = 0$ で成立するから次式が得られる。

$$A = -i(U_1-c)\hat{\eta} \tag{A.26a}$$

同様に次式が得られる。

$$B = i(U_2-c)\hat{\eta} \tag{A.26b}$$

式 (A.24) と式 (A.25) を式 (A.20) に代入すると

$$\rho_1\left(\frac{\partial\breve{\phi}_1}{\partial t} + U_1\frac{\partial\breve{\phi}_1}{\partial x} + g\eta\right) = \rho_2\left(\frac{\partial\breve{\phi}_2}{\partial t} + U_2\frac{\partial\breve{\phi}_2}{\partial x} + g\eta\right)$$

$$\leftrightarrow \rho_1e^{ik(x-ct)}\left(-ikcAe^{-ky} + ikU_1Ae^{-ky} + g\hat{\eta}\right) = \rho_2e^{ik(x-ct)}\left(-ikcBe^{ky} + ikU_2Be^{ky} + g\hat{\eta}\right)$$

と式展開できる。これは $y = 0$ で成立するから

$$\rho_1\{ikA(U_1-c) + g\hat{\eta}\} = \rho_2\{ikB(U_2-c) + g\hat{\eta}\}$$

が得られる。式 (A.26a) および式 (A.26b) より

$$\rho_1\{k(U_1-c)^2\hat{\eta} + g\hat{\eta}\} = \rho_2\{-k(U_2-c)^2\hat{\eta} + g\hat{\eta}\}$$

$$\leftrightarrow \rho_1k(U_1-c)^2 + \rho_2k(U_2-c)^2 = g(\rho_2-\rho_1) \tag{A.27}$$

となる。式 (A.27) より c を解くと

$$c = c_r + ic_i = \frac{\rho_1U_1 + \rho_2U_2}{\rho_1+\rho_2} \pm \left[\frac{g}{k}\frac{\rho_2-\rho_1}{\rho_1+\rho_2} - \rho_1\rho_2\left(\frac{U_1-U_2}{\rho_1+\rho_2}\right)^2\right]^{1/2} \tag{A.28}$$

が得られる。よって 11 章の式(11.67) が導出された。

A.5 レイノルズ分解

A.5.1 レイノルズ平均

ナビエ・ストークス方程式は瞬間の流速・圧力について成立する。瞬間量を時間平均とその偏差に分解するのがレイノルズ分解で，つぎのように表せる。

$$\widetilde{u}(x,y,z,t) = \quad U(x,y,z) \quad + u(x,y,z,t)$$
$$\widetilde{v}(x,y,z,t) = \quad V(x,y,z) \quad + v(x,y,z,t)$$
$$\widetilde{w}(x,y,z,t) = \quad W(x,y,z) \quad + w(x,y,z,t)$$
$$\underline{\widetilde{p}(x,y,z,t) = \quad P(x,y,z) \quad + p(x,y,z,t)}$$
$$（瞬間値）\ =（時間平均値）+\quad（偏差）$$

ある物理量 $\widetilde{f}$ の時間平均は数学的に $F=\overline{\widetilde{f}}=\dfrac{1}{T}\displaystyle\int_0^T \widetilde{f}dt$ と定義される。ここで T は平均する時間である。また変動成分の時間平均は 0 となり（平均値の周りを符号を変えながら変動している），次式で書ける。

$$\overline{u}=\overline{v}=\overline{w}=\overline{p}=0 \tag{A.29}$$

上の定義に基づくと，式 (A.30)〜式 (A.35) で表せる時間平均に関する公式が得られる。

$$和の平均：\overline{\widetilde{f_1}+\widetilde{f_2}}=\frac{1}{T}\int_0^T (\widetilde{f_1}+\widetilde{f_2})dt=\frac{1}{T}\int_0^T \widetilde{f_1}dt+\frac{1}{T}\int_0^T \widetilde{f_2}dt=\overline{\widetilde{f_1}}+\overline{\widetilde{f_2}}=F_1+F_2 \tag{A.30}$$

$$平均値の平均：\overline{\overline{f}}=\frac{1}{T}\int_0^T \overline{f}dt=\frac{1}{T}\overline{f}\int_0^T dt=\overline{f}=F \tag{A.31}$$

$$平均値と瞬間値の積の平均：\overline{\overline{\widetilde{f_1}}\widetilde{f_2}}=\frac{1}{T}\int_0^T \overline{\widetilde{f_1}}\widetilde{f_2}dt=\frac{1}{T}\overline{\widetilde{f_1}}\int_0^T \widetilde{f_2}dt=\overline{\widetilde{f_1}}\ \overline{\widetilde{f_2}}=F_1F_2 \tag{A.32}$$

$$瞬間値の積の平均：\overline{\widetilde{f_1}\widetilde{f_2}}=\overline{(\overline{\widetilde{f_1}}+f_1)(\overline{\widetilde{f_2}}+f_2)}=\overline{(F_1+f_1)(F_2+f_2)}$$
$$=\overline{F_1F_2+F_1f_2+f_1F_2+f_1f_2}$$
$$=\overline{F_1F_2}+\overline{F_1f_2}+\overline{f_1F_2}+\overline{f_1f_2}=F_1F_2+\overline{f_1f_2} \tag{A.33}$$

$$微分の平均：\overline{\frac{d\widetilde{f}}{dx}}=\frac{1}{T}\int_0^T \frac{d\widetilde{f}}{dx}dt=\frac{d}{dx}\left(\frac{1}{T}\int_0^T \widetilde{f}dt\right)=\frac{d\overline{\widetilde{f}}}{dx} \tag{A.34}$$

$$積分の平均：\overline{\int \widetilde{f}dx}=\frac{1}{T}\int_0^T \int \widetilde{f}dxdt=\int \frac{1}{T}\int_0^T \widetilde{f}dtdx=\int \overline{\widetilde{f}}dx \tag{A.35}$$

以上のような時間平均操作に従い，支配方程式に平均操作を施すことをレイノルズ平均と呼ぶ。

A.5.2 連続式のレイノルズ平均

式 (A.30)～式 (A.35) の公式を使って，まず連続式をレイノルズ平均する。連続式は瞬間値について成立するので

$$\frac{\partial \widetilde{u}}{\partial x} + \frac{\partial \widetilde{v}}{\partial y} + \frac{\partial \widetilde{w}}{\partial z} = 0 \tag{A.36}$$

と書ける。これをレイノルズ分解すると

$$\frac{\partial (U+u)}{\partial x} + \frac{\partial (V+v)}{\partial y} + \frac{\partial (W+w)}{\partial z} = 0 \tag{A.37}$$

となる。各項を時間平均すると

$$\overline{\frac{\partial (U+u)}{\partial x}} + \overline{\frac{\partial (V+v)}{\partial y}} + \overline{\frac{\partial (W+w)}{\partial z}} = 0 \leftrightarrow \frac{\partial \overline{(U+u)}}{\partial x} + \frac{\partial \overline{(V+v)}}{\partial y} + \frac{\partial \overline{(W+w)}}{\partial z} = 0$$

となる。各項の変動成分の時間平均は 0 だから

$$\frac{\partial (\overline{U})}{\partial x} + \frac{\partial (\overline{V})}{\partial y} + \frac{\partial (\overline{W})}{\partial z} = 0 \leftrightarrow \frac{\partial U}{\partial x} + \frac{\partial V}{\partial y} + \frac{\partial W}{\partial z} = 0 \tag{A.38}$$

となる。よって，連続式は時間平均値についても成立する。さらに，式 (A.37) と式 (A.38) より

$$\frac{\partial u}{\partial x} + \frac{\partial v}{\partial y} + \frac{\partial w}{\partial z} = 0 \tag{A.39}$$

となり，連続式は変動成分についても成立する。

A.5.3 ナビエ・ストークス方程式のレイノルズ平均（RANS 方程式の導出）

つぎにナビエ・ストークス方程式をレイノルズ平均する。ここでは外力項は省略するが，開水路流れの外力は重力（定数）のみであることが多く，レイノルズ平均しても不変である。ナビエ・ストークス方程式は次式で表せる。

$$\frac{\partial \widetilde{u}}{\partial t} + \widetilde{u}\frac{\partial \widetilde{u}}{\partial x} + \widetilde{v}\frac{\partial \widetilde{u}}{\partial y} + \widetilde{w}\frac{\partial \widetilde{u}}{\partial z} = -\frac{1}{\rho}\frac{\partial \widetilde{p}}{\partial x} + \nu\left(\frac{\partial^2 \widetilde{u}}{\partial x^2} + \frac{\partial^2 \widetilde{u}}{\partial y^2} + \frac{\partial^2 \widetilde{u}}{\partial z^2}\right)$$

$$\frac{\partial \widetilde{v}}{\partial t} + \widetilde{u}\frac{\partial \widetilde{v}}{\partial x} + \widetilde{v}\frac{\partial \widetilde{v}}{\partial y} + \widetilde{w}\frac{\partial \widetilde{v}}{\partial z} = -\frac{1}{\rho}\frac{\partial \widetilde{p}}{\partial y} + \nu\left(\frac{\partial^2 \widetilde{v}}{\partial x^2} + \frac{\partial^2 \widetilde{v}}{\partial y^2} + \frac{\partial^2 \widetilde{v}}{\partial z^2}\right) \tag{A.40}$$

$$\frac{\partial \widetilde{w}}{\partial t} + \widetilde{u}\frac{\partial \widetilde{w}}{\partial x} + \widetilde{v}\frac{\partial \widetilde{w}}{\partial y} + \widetilde{w}\frac{\partial \widetilde{w}}{\partial z} = -\frac{1}{\rho}\frac{\partial \widetilde{p}}{\partial z} + \nu\left(\frac{\partial^2 \widetilde{w}}{\partial x^2} + \frac{\partial^2 \widetilde{w}}{\partial y^2} + \frac{\partial^2 \widetilde{w}}{\partial z^2}\right)$$

式 (A.40) の最上段の $\widetilde{u}$ の方程式をレイノルズ平均する。各項について考える。

・局所加速度項は，$\overline{\dfrac{\partial \widetilde{u}}{\partial t}} = \dfrac{\partial \overline{\widetilde{u}}}{\partial t} = \dfrac{\partial U}{\partial t}$ と計算される。時間平均値の時間変化なので 0 となるが，対象とする現象の変動時間スケールよりも短い時間間隔で算出した U であれば，時間変化すると解釈できる。したがってここでは非 0 として残す。

・移流項は，それぞれつぎのように変形できる。

$$\overline{\widetilde{u}\frac{\partial \widetilde{u}}{\partial x}} = \overline{(U+u)\frac{\partial (U+u)}{\partial x}} = \overline{U\frac{\partial U}{\partial x}} + \overline{U\frac{\partial u}{\partial x}} + \overline{u\frac{\partial U}{\partial x}} + \overline{u\frac{\partial u}{\partial x}} = \bar{U}\frac{\partial \bar{U}}{\partial x} + \overline{u\frac{\partial u}{\partial x}}$$

$$= U\frac{\partial U}{\partial x} + \overline{u\frac{\partial u}{\partial x}}$$

$$\overline{\tilde{v}\frac{\partial \tilde{u}}{\partial y}} = \overline{(V+v)\frac{\partial (U+u)}{\partial y}} = \overline{V\frac{\partial U}{\partial y}} + \overline{V\frac{\partial u}{\partial y}} + \overline{v\frac{\partial U}{\partial y}} + \overline{v\frac{\partial u}{\partial y}} = \overline{\bar{V}\frac{\partial \bar{U}}{\partial y}} + \overline{v\frac{\partial u}{\partial y}}$$

$$= V\frac{\partial U}{\partial y} + \overline{v\frac{\partial u}{\partial y}}$$

$$\overline{\tilde{w}\frac{\partial \tilde{u}}{\partial z}} = \overline{(W+w)\frac{\partial (U+u)}{\partial z}} = \overline{W\frac{\partial U}{\partial z}} + \overline{W\frac{\partial u}{\partial z}} + \overline{w\frac{\partial U}{\partial z}} + \overline{w\frac{\partial u}{\partial z}} = \overline{\bar{W}\frac{\partial \bar{U}}{\partial z}} + \overline{w\frac{\partial u}{\partial z}}$$

$$= W\frac{\partial U}{\partial z} + \overline{w\frac{\partial u}{\partial z}}$$

・圧力勾配項は，$\overline{\dfrac{\partial \tilde{p}}{\partial x}} = \dfrac{\partial \bar{\tilde{p}}}{\partial x} = \dfrac{\partial P}{\partial x}$ と計算される。

・粘性項は，つぎのように計算される。

$$\overline{\nu\left(\frac{\partial^2 \tilde{u}}{\partial x^2} + \frac{\partial^2 \tilde{u}}{\partial y^2} + \frac{\partial^2 \tilde{u}}{\partial z^2}\right)} = \nu\left(\overline{\frac{\partial^2 \tilde{u}}{\partial x^2}} + \overline{\frac{\partial^2 \tilde{u}}{\partial y^2}} + \overline{\frac{\partial^2 \tilde{u}}{\partial z^2}}\right) = \nu\left(\frac{\partial^2 \bar{\tilde{u}}}{\partial x^2} + \frac{\partial^2 \bar{\tilde{u}}}{\partial y^2} + \frac{\partial^2 \bar{\tilde{u}}}{\partial z^2}\right)$$

$$= \nu\left(\frac{\partial^2 U}{\partial x^2} + \frac{\partial^2 U}{\partial y^2} + \frac{\partial^2 U}{\partial z^2}\right)$$

以上をまとめると

$$\frac{\partial U}{\partial t} + U\frac{\partial U}{\partial x} + V\frac{\partial U}{\partial y} + W\frac{\partial U}{\partial z} + \boxed{\overline{u\frac{\partial u}{\partial x}} + \overline{v\frac{\partial u}{\partial y}} + \overline{w\frac{\partial u}{\partial z}}}$$

$$= -\frac{1}{\rho}\frac{\partial P}{\partial x} + \nu\left(\frac{\partial^2 U}{\partial x^2} + \frac{\partial^2 U}{\partial y^2} + \frac{\partial^2 U}{\partial z^2}\right) \tag{A.41}$$

となる。実線枠の部分に注目し，さらに変形すると

$$\frac{\partial U}{\partial t} + U\frac{\partial U}{\partial x} + V\frac{\partial U}{\partial y} + W\frac{\partial U}{\partial z} + \boxed{\overline{\frac{\partial uu}{\partial x}} - \overline{u\frac{\partial u}{\partial x}} + \overline{\frac{\partial uv}{\partial y}} - \overline{u\frac{\partial v}{\partial y}} + \overline{\frac{\partial uw}{\partial z}} - \overline{u\frac{\partial w}{\partial z}}}$$

$$= -\frac{1}{\rho}\frac{\partial P}{\partial x} + \nu\left(\frac{\partial^2 U}{\partial x^2} + \frac{\partial^2 U}{\partial y^2} + \frac{\partial^2 U}{\partial z^2}\right)$$

$$\leftrightarrow \frac{\partial U}{\partial t} + U\frac{\partial U}{\partial x} + V\frac{\partial U}{\partial y} + W\frac{\partial U}{\partial z} + \overline{\frac{\partial uu}{\partial x}} + \overline{\frac{\partial uv}{\partial y}} + \overline{\frac{\partial uw}{\partial z}} - \overline{u\left(\frac{\partial u}{\partial x} + \frac{\partial v}{\partial y} + \frac{\partial w}{\partial z}\right)}$$

$$= -\frac{1}{\rho}\frac{\partial P}{\partial x} + \nu\left(\frac{\partial^2 U}{\partial x^2} + \frac{\partial^2 U}{\partial y^2} + \frac{\partial^2 U}{\partial z^2}\right)$$

となる。式 (A.39) より点線枠は 0 なので，整理してつぎの RANS 方程式の $\tilde{u}$ 成分が得られる。他の成分も同様にして求められる。まとめると

$$\frac{\partial U}{\partial t} + U\frac{\partial U}{\partial x} + V\frac{\partial U}{\partial y} + W\frac{\partial U}{\partial z}$$

$$= -\frac{1}{\rho}\frac{\partial P}{\partial x} + \nu\left(\frac{\partial^2 U}{\partial x^2} + \frac{\partial^2 U}{\partial y^2} + \frac{\partial^2 U}{\partial z^2}\right) - \overline{\frac{\partial uu}{\partial x}} - \overline{\frac{\partial uv}{\partial y}} - \overline{\frac{\partial uw}{\partial z}}$$

$$\frac{\partial V}{\partial t} + U\frac{\partial V}{\partial x} + V\frac{\partial V}{\partial y} + W\frac{\partial V}{\partial z}$$

$$= -\frac{1}{\rho}\frac{\partial P}{\partial y} + \nu\left(\frac{\partial^2 V}{\partial x^2} + \frac{\partial^2 V}{\partial y^2} + \frac{\partial^2 V}{\partial z^2}\right) - \frac{\partial\overline{uv}}{\partial x} - \frac{\partial\overline{vv}}{\partial y} - \frac{\partial\overline{vw}}{\partial z}$$

$$\frac{\partial W}{\partial t} + U\frac{\partial W}{\partial x} + V\frac{\partial W}{\partial y} + W\frac{\partial W}{\partial z}$$

$$= -\frac{1}{\rho}\frac{\partial P}{\partial z} + \nu\left(\frac{\partial^2 W}{\partial x^2} + \frac{\partial^2 W}{\partial y^2} + \frac{\partial^2 W}{\partial z^2}\right) - \frac{\partial\overline{uw}}{\partial x} - \frac{\partial\overline{vw}}{\partial y} - \frac{\partial\overline{ww}}{\partial z}$$

$$\text{(A.42)}$$

となる。点線枠はレイノルズ応力に関する項である。以上の計算より，レイノルズ応力は移流項のレイノルズ平均より生じたことがわかる。

A.5.4　縮　約　表　記

前項の式展開は，成分表示すると煩雑だが，縮約表記すると見通しがよい。ナビエ・ストークス方程式の総和表示はつぎのようになる。

$$\frac{\partial\widetilde{u}_i}{\partial t} + \widetilde{u}_k\frac{\partial\widetilde{u}_i}{\partial x_k} = -\frac{1}{\rho}\frac{\partial\widetilde{p}}{\partial x_i} + \frac{\partial}{\partial x_k}(2\nu\widetilde{d}_{ik}) \quad \text{ここで}\widetilde{d}_{ik} = \frac{1}{2}\left(\frac{\partial\widetilde{u}_i}{\partial x_k} + \frac{\partial\widetilde{u}_k}{\partial x_i}\right)$$

3 次元では $i=1,2,3$ をとる。次式のように連続式を使って移流項を変形しておく。

$$\frac{\partial\widetilde{u}_i}{\partial t} + \frac{\partial\widetilde{u}_i\widetilde{u}_k}{\partial x_k} = -\frac{1}{\rho}\frac{\partial\widetilde{p}}{\partial x_i} + \frac{\partial}{\partial x_k}(2\nu\widetilde{d}_{ik}) \tag{A.43}$$

各項をレイノルズ平均すると $\overline{\dfrac{\partial\widetilde{u}_i}{\partial t}} + \overline{\dfrac{\partial\widetilde{u}_i\widetilde{u}_k}{\partial x_k}} = \overline{-\dfrac{1}{\rho}\dfrac{\partial\widetilde{p}}{\partial x_i}} + \overline{\dfrac{\partial}{\partial x_k}(2\nu\widetilde{d}_{ik})}$ となる。A.5.1 項のレイノルズ平均の公式を使って変形する。特に移流項は

$$\overline{\frac{\partial\widetilde{u}_i\widetilde{u}_k}{\partial x_k}} = \overline{\frac{\partial(U_i+u_i)(U_k+u_k)}{\partial x_k}} = \overline{\frac{\partial(U_iU_k + U_iu_k + u_iU_k + u_iu_k)}{\partial x_k}}$$

$$= \frac{\partial\overline{(U_iU_k)}}{\partial x_k} + \frac{\partial\overline{(U_iu_k)}}{\partial x_k} + \frac{\partial\overline{(u_iU_k)}}{\partial x_k} + \frac{\partial\overline{(u_iu_k)}}{\partial x_k}$$

$$= \frac{\partial(U_iU_k)}{\partial x_k} + \frac{\partial\overline{(u_iu_k)}}{\partial x_k}$$

となり，レイノルズ応力に関する項が生じる。他の項も変形し整理すると次式のRANS 方程式が得られる。

$$\frac{\partial U_i}{\partial t} + \frac{\partial U_iU_k}{\partial x_k} = -\frac{1}{\rho}\frac{\partial P}{\partial x_i} + \frac{\partial}{\partial x_k}(2\nu D_{ik} - R_{ik}) \tag{A.44}$$

ここで $D_{ik} = \dfrac{1}{2}\left(\dfrac{\partial U_i}{\partial x_k} + \dfrac{\partial U_k}{\partial x_i}\right)$, $R_{ik} = \overline{u_iu_k}$ である。なおレイノルズ応力は $\rho\overline{u_iu_k}$ である。

演習問題解答

1章

1.1 解図 1.1 をもとに，まず水平方向について考える。曲面 BAC には右向きに，曲面 CD は左向きに水圧を受けるから，ゲートに作用する水平方向の全水圧は $\frac{1}{2}\rho g d^2$ $-\frac{1}{2}\rho g \frac{d^2}{4}=\frac{3}{8}\rho g d^2$ と計算される。

鉛直方向については，曲面 AB，AC，CD のそれぞれについて考える。

曲面 AB：水面までの領域 ABE を占める水の重さが下向きに作用する。

曲面 AC：領域 BCAE を占める水の重さが上向きに作用する。

曲面 CD：領域 CDO を占める水の重さが上向きに作用する。

これらを合わせると $\frac{3}{4}$ 円を占める水の重さが上向きに作用する。よって $\frac{3}{16}\pi\rho g d^2$ の水圧が鉛直上向きに作用する。

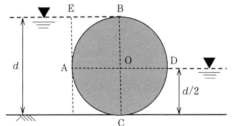

解図 1.1

1.2 解図 1.2 のように水平方向の全水圧と作用点はそれぞれ，$[P_H]=\frac{1}{2}\rho g H^2$，$y_H=\frac{1}{3}H$ となる。鉛直方向の全水圧は，傾斜板から上方の水面レベルまでの三角形 OAB を

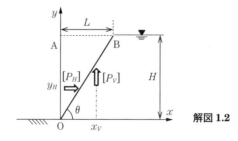

解図 1.2

占める水の重さに等しい。したがって，$[P_V] = \dfrac{1}{2}\rho g HL$ と計算される。集中荷重として考えるモーメントと分布荷重のモーメントを積分したものが等しいことから，$[P_V]x_V$

$= \displaystyle\int_0^L x \times \rho g(H - x\tan\theta)dx = \rho g\left(\dfrac{HL^2}{2} - \dfrac{L^3}{3}\tan\theta\right)$ となる。よって鉛直方向の作用点は

$x_V = L - \dfrac{2L^2}{3H}\tan\theta$ となる。したがって点 O 周りのモーメントは，$\tan\theta = \dfrac{H}{L}$ より $[P_H]$

$y_H - [P_V]x_V = \rho g\left(\dfrac{H^3}{6} - \dfrac{HL^2}{2} + \dfrac{L^3}{3}\tan\theta\right) = \rho g\left(\dfrac{H^3}{6} - \dfrac{HL^2}{6}\right)$ となる。

1.3　① $F_x = \boxed{-\alpha\cos\theta}$，② $F_y = \boxed{-\alpha\sin\theta - g}$，③ $P = \boxed{0}$，④ $\displaystyle\int dP = \int \rho(F_x dx$

$+ F_y dy) \leftrightarrow \dfrac{P}{\rho} = F_x x + F_y y + C$ となる。$(x, y) = (0, 0)$ で $P = 0$ なので，積分定数は $C = 0$

となる。

よって $F_x x + F_y y = 0$ となる。$y = h(x)$ として ① と ② を用いると，$h(x) = -\dfrac{F_x}{F_y}x =$

$\boxed{-\dfrac{\alpha\cos\theta}{\alpha\sin\theta + g}x}$ となる。⑤ $x = -10\,\mathrm{cm}$ で $h > 10\,\mathrm{cm}$ であれば水があふれるので

$-\dfrac{\alpha\sqrt{3}/2}{\alpha/2 + g}\times(-10) > 10 \leftrightarrow \boxed{\alpha > \sqrt{3+1}}\,g$ となる。

1.4　① 浮体の比重が2であるから，吃水は $l' = l/2$ となる。z 軸周りの断面2次モーメントは $I = \dfrac{kb^4}{12}$，水没体積は $V = \dfrac{kb^2 l}{2}$，$y_G = \dfrac{l}{2} - \dfrac{l}{4} = \dfrac{l}{4}$ と表せる。式(1.12) より $y_M =$

$\dfrac{I}{V} - y_G = \dfrac{b^2}{6l} - \dfrac{l}{4} > 0$ のとき安定となる。整理して $\dfrac{b}{l} > \sqrt{\dfrac{3}{2}}$ のとき安定で，奥行きの幅に無関係であることがわかる。

2章

2.1　点 S と点 D の水圧を P_S，P_D とすると静水圧近似より，$P_S = \rho g h_s$，$P_D = \rho g h_d$ となる。つぎに点 S と点 D におけるベルヌーイ式は $\dfrac{V^2}{2g} + \dfrac{P_S}{\rho g} = \dfrac{P_D}{\rho g}$ となる。よって $\dfrac{V^2}{2g}$

$\dfrac{P_D - P_S}{\rho g} = h_d - h_s = \Delta h$ より，$V = \sqrt{2g\Delta h}$ と計算される。このように差圧から流速が計測できる。

2.2

(1) 運動量は，$\rho QV = \rho Q \times (Q/A) = \rho Q^2/A$ と表せるので運動量式はつぎのように書ける。

$$x \text{ 方向}: \frac{\rho Q^2}{A_2} \cos \varphi - \frac{\rho Q^2}{A_1} = P_1 A_1 - P_2 A_2 \cos \varphi + F_x$$

$$y \text{ 方向}: \frac{\rho Q^2}{A_2} \sin \varphi = - P_2 A_2 \sin \varphi + F_y$$

(2) 運動量式より次式となる。

$$F_x = -P_1 A_1 + P_2 A_2 \cos \varphi + \rho Q^2 \left(\frac{\cos \varphi}{A_2} - \frac{1}{A_1} \right), \quad F_y = P_2 A_2 \sin \varphi + \frac{\rho Q^2}{A_2} \sin \varphi$$

断面平均水圧は静水圧近似を使って $P = \frac{1}{2} \rho g h$ と計算できる。与えられた数値を代入して，$F_x = -55\,540$ N，$F_y = 27\,860$ N と計算される。よって合力の大きさは $|F| = \sqrt{F_x{}^2 + F_y{}^2} \cong 62\,136$ N となる。また方向は $\arctan(F_y/F_x) \cong -27°$ と計算され，**解図 2.1** のような向きとなる。

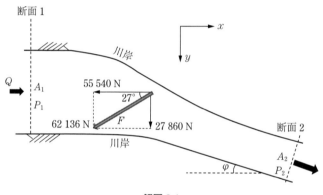

解図 2.1

2.3

(a) $\rho a V^2 - 0 = F$

(b) $F_p = -F = -\rho a V^2$ タンクは水から F の大きさの力の反作用を受ける。

(c) 時刻 t でタンク内の水位が y とする。また初期条件として $t=0$ で $y=h$ とする。dt 間に水位が dy 下がると考える。dt 間にタンク内の水の減少分は，$d\{A(h-y)\}$ となる。同様に dt 間に排水管から流出する量は $aVdt$ となる。これらが等しいので，$aVdt = d\{A(h-y)\}$ となる。ここで水面降下速度は排水速度より十分小さいので，水面と排水出口のベルヌーイ式より $V = \sqrt{2gy}$ と表せる。

よって $a\sqrt{2gy}\,dt = d\{A(h-y)\} \leftrightarrow a\sqrt{2gy}\,dt = -Ady \leftrightarrow dt = -\dfrac{A}{a\sqrt{2gy}}\,dy$ となる。時刻 T で $y=h/2$ になるとすると，区間 $t:0 \to T$，$y:h \to h/2$ を考えて両辺積分して $[t]_0^T = -\dfrac{2A}{a\sqrt{2g}}[y^{1/2}]_h^{h/2}$ となり，$T = \dfrac{2A}{a\sqrt{2g}}(\sqrt{h} - \sqrt{h/2})$ と計算される。

3 章

3.1

（1）管径一定なので連続式より，管内速度も流下方向に変化しない。断面 1-2 間には形状損失がないので，摩擦損失水頭が損失水頭に一致する。これは二つの断面の中心軸上の点がもつ全水頭の差と等しい。よって $h_L = \dfrac{P_1 - P_2}{\rho g} + z_1 - z_2$ と表せる。

（2）$W = \rho g \, \dfrac{\pi D^2}{4} L$

（3）検査領域の流体には，内壁面全体における壁面せん断応力，重力，圧力が作用する。流軸方向の運動量式は，$0 = (P_1 - P_2) \dfrac{\pi D^2}{4} + W \sin\theta - \tau_0 \pi D L$ となる。また（1）より $h_L = \dfrac{P_1 - P_2}{\rho g} + z_1 - z_2 = \dfrac{P_1 - P_2}{\rho g} + L\sin\theta$ である。これらを整理して $\tau_0 = \dfrac{D}{4L}\rho g h_L$ と表せる。

3.2　区間 2 の管の流量は，左から右向きに $Q - Q/2 = Q/2$ である。区間 1 および区間 2 における管内流速はそれぞれ，$V_1 = Q / \left(\dfrac{\pi}{4} d^2\right) = \dfrac{4Q}{\pi d^2}$，$V_2 = \dfrac{Q}{2} / \left(\dfrac{\pi}{4} d^2\right) = \dfrac{2Q}{\pi d^2}$ となる。水槽の水面変化および形状損失を無視できるものとして二つの水槽水面間においてベルヌーイ式を考えると，$H = \dfrac{fs}{d}\dfrac{V_1^2}{2g} + \dfrac{f(L-s)}{d}\dfrac{V_2^2}{2g}$ である。これらの関係より V_1, V_2 を消去すると，水平管への流入流量は $Q = \sqrt{\dfrac{\pi^2 d^5 g H}{f(6s + 2L)}}$ と表せる。

これより，分岐点までの距離 s が小さいほど，流量 Q は大きくなる。

3.3

（1）入口損失と摩擦損失を考えて，ベルヌーイ式を立てると次式となる。
$$H + L\sin\theta = \dfrac{V^2}{2g} + \boxed{\left(K_e + f\dfrac{L}{D}\right)\dfrac{V^2}{2g}}$$

（2）管内の対象地点から水面までの鉛直高さは，$H + x'\sin\theta$ で，これが水面における位置水頭となる。また管入口から対象地点までの摩擦損失は $f\dfrac{x'}{D}\dfrac{V^2}{2g}$ である。水面における速度水頭と圧力水頭を 0 と近似すると，水面と管内地点の間のベルヌーイ式は，$H + x'\sin\theta = \dfrac{V^2}{2g} + \left(K_e + f\dfrac{x'}{D}\right)\dfrac{V^2}{2g} + \dfrac{P}{\rho g}$ と表せる。

（3）（1）より $\dfrac{V^2}{2g} = \dfrac{H + L\sin\theta}{1 + K_e + fL/D}$ となる。（2）の結果にこれを代入して整理すると，
$$\dfrac{P}{\rho g} = \boxed{\dfrac{fH/D - (1 + K_e)\sin\theta}{1 + K_e + fL/D}} (L - x') \text{ と表せる。}$$

(4) 入口の圧力水頭の計算値は，与えられた数値を入力して，$\dfrac{P}{\rho g}\,(x'=0)=$ $\dfrac{fH/D-(1+K_e)\sin\theta}{1+K_e+fL/D}L=-2\,\mathrm{m}$ となる。よって，$-2>-8$ よりキャビテーションは発生しない。

3.4

(1) $Q_3=Q_1-Q_2$

(2) 管 1, 2, 3 の流速はそれぞれ，$V_1=\dfrac{4Q_1}{\pi D^2}$，$V_2=\dfrac{4Q_2}{\pi D^2}$，$V_3=\dfrac{Q_3}{\pi D^2}$ である。点 A と点 B の全水頭を H_A, H_B とする。管 1 で点 A と点 B のベルヌーイ式は，ポンプで水頭が ΔH 与えられることに注意して，次式となる。

$$H_B=H_A+\Delta H-\frac{fL}{D}\frac{V_1^2}{2g}\leftrightarrow H_B=H_A+\Delta H-\frac{fL}{\pi^2 D^5}\frac{8Q_1^2}{g}$$

一方で，管 2 で点 A と点 B のベルヌーイ式は，流れの向きに注意して，次式となる。

$$H_B=H_A+\frac{2fL}{D}\frac{V_2^2}{2g}\leftrightarrow H_B=H_A+\frac{fL}{\pi^2 D^5}\frac{16Q_2^2}{g}$$

これら二つのベルヌーイ式より H_A, H_B を消去して $\Delta H=\dfrac{8fL}{\pi^2 gD^5}(Q_1^2+2Q_2^2)$ と表せる。

(3) 点 C と点 D の流速をそれぞれ V_c, V_d，圧力を P_c, P_d として，この 2 点にベルヌーイ式を立てると，$\dfrac{V_c^2}{2g}+\dfrac{P_c}{\rho g}=\dfrac{V_d^2}{2g}+\dfrac{P_d}{\rho g}\leftrightarrow\dfrac{V_c^2-V_d^2}{2}=\dfrac{P_d-P_c}{\rho}$ となる。ここで連続式より $V_c=4V_d$ である。また，マノメータの読みより $P_d-P_c=(\rho_{Hg}-\rho)\Delta yg$ となる。点 D のほうが点 C よりも流速が小さい分，圧力が大きくなる。そのため U 字管内の水銀が点 C 側に移動する。Δy の領域では，U 字管の左右で単位体積当りの重量差 $(\rho_{Hg}-\rho)\Delta yg$ が生じ，これが点 C と点 D の差圧に一致する。これらの結果より，点 C と点 D のベルヌーイ式より次式となる。

$$\frac{15V_d^2}{2}=\frac{(\rho_{Hg}-\rho)\Delta yg}{\rho}\leftrightarrow V_d^2=\frac{2}{15}\frac{(\rho_{Hg}-\rho)\Delta yg}{\rho}$$

よって $Q_3=\pi D^2 V_d=\pi D^2\sqrt{\dfrac{2}{15}\dfrac{(\rho_{Hg}-\rho)\Delta yg}{\rho}}$ と表せる。

3.5

(1) 断面 2 の流速は，水面とノズル出口（断面 2）点のベルヌーイ式より，$V_2=\sqrt{2g(h_1+h_2)}$ である。断面 1 および 2 の連続式より，$V_1=\dfrac{d_2^2}{d_1^2}V_2=\boxed{\dfrac{d_2^2}{d_1^2}\sqrt{2g(h_1+h_2)}}$ と表せる。

(2) 断面 1 と断面 2 の点のベルヌーイ式は，$\dfrac{P_1}{\rho g}+\dfrac{V_1^2}{2g}=h_1+h_2$ である。これより，

$$\frac{P_1}{\rho g} = h_1 + h_2 - \frac{V_1^2}{2g} = h_1 + h_2 - \frac{d_2^4}{d_1^4}(h_1 + h_2) = \boxed{\left(1 - \frac{d_2^4}{d_1^4}\right)(h_1 + h_2)}$$　と表せる。

(3) 断面 1 と断面 2 に囲まれた検査領域に作用する力は断面 1 の圧力と，ノズルからの反作用である。したがって運動量式は，$\boxed{\rho Q(V_2 - V_1) = \dfrac{\pi d_1^2}{4}P_1 - F}$　と表せる。

(4) (3) の結果から，$F = \dfrac{\pi d_1^2}{4}P_1 - \rho Q(V_2 - V_1)$ となる。これに (1) と (2) の結果を代入して

$$F = \frac{\pi d_1^2}{4}\rho g\left(1 - \frac{d_2^4}{d_1^4}\right)(h_1 + h_2) - \rho\frac{\pi d_2^2}{4}V_2\left(1 - \frac{d_2^2}{d_1^2}\right)V_2$$

$$= \rho g\frac{\pi d_1^2}{4}(h_1 + h_2)\left(1 + \frac{d_2^2}{d_1^2}\right)\left(1 - \frac{d_2^2}{d_1^2}\right) - \rho\frac{\pi d_2^2}{4}V_2^2\left(1 - \frac{d_2^2}{d_1^2}\right)$$

$$= \boxed{\frac{\rho\pi}{4}\left(1 - \frac{d_2^2}{d_1^2}\right)} \times \left\{d_1^2 g(h_1 + h_2)\left(1 + \frac{d_2^2}{d_1^2}\right) - d_2^2 V_2^2\right\}$$

と表せる。

4章

4.1　断面積 A は $1 \times 1/2 = 1/2\,\mathrm{m}^2$ で，流速は $V = Q/A = 0.2\,\mathrm{m/s}$ となる。潤辺は $1 + 1 = 2\,\mathrm{m}$ である。よって径深 $R = A/s = (1/2)/2 = 1/4\,\mathrm{m}$ となる。マニング式より，$i_f = n^2 V^2 R^{-4/3} = 2.29 \times 10^{-4}$ と計算される。したがって摩擦速度は，$U_* = \sqrt{\dfrac{\tau_0}{\rho}} = \sqrt{\dfrac{\rho g i_f R}{\rho}} = \sqrt{g i_f R} \cong 0.023\,7\,\mathrm{m/s}$ となる。

4.2

① 水面形方程式の分母 $= 0$ として，$1 = \dfrac{\partial A}{\partial h}\dfrac{\alpha Q^2}{gA^3} = \dfrac{\partial(Bh)}{\partial h}\dfrac{\alpha Q^2}{g(Bh)^3} = \dfrac{\alpha Q^2}{gB^2 h^3}$ となり，h を h_c に置き換えて整理すると，$\boxed{h_c = \sqrt[3]{\dfrac{\alpha Q^2}{gB^2}}}$ と表せる。

② まず与えられた水面形方程式の分子を計算する。マニングの公式を変形すると $n^2 = \dfrac{B^2 h_0^{10/3}}{Q^2}i$ となり，これを代入すると $1 - \left(\dfrac{h_0}{h}\right)^{\frac{10}{3}}$ と表せる。つぎに ① で求めた限界水深の式より $\dfrac{\alpha Q^2}{gB^2} = h_c^3$ となり，これを水面形方程式の分母に代入すると，$1 - \left(\dfrac{h_c}{h}\right)^3$ となる。よって $\boxed{\dfrac{dh}{dx} = i\,\dfrac{1 - \left(\dfrac{h_0}{h}\right)^{\frac{10}{3}}}{1 - \left(\dfrac{h_c}{h}\right)^3}}$ と表せる。

③ 緩勾配水路では，$h_0 > h_c$ である。したがって，$h > h_0$ であれば $h > h_c$ となり，②

で求めた水面形方程式の分子，分母ともに正となる。よって $\boxed{\dfrac{dh}{dx}>0}$ となる。これは図 4.5（ b ）の M_1 ラインの変化に対応している。

4.3

① $V_1=\boxed{\dfrac{q}{h_1}}$

② 比エネルギーの定義より，$H_1=\dfrac{V_1{}^2}{2g}+h_1$ となる。① の結果を用いて，$H_1=\boxed{\dfrac{q^2}{2gh_1{}^2}}$ $\boxed{+h_1}$ となる。

③ 図 4.4 より，流量一定下では水深が限界水深に一致するときに比エネルギーが最大，つまり極値をもつ。したがって比エネルギーの水深による偏微分が 0 になる水深が限界水深である。よって $\dfrac{\partial H_1}{\partial h_1}=-\dfrac{q^2}{g}h_1{}^{-3}+1=0 \leftrightarrow h_1=\boxed{\sqrt[3]{\dfrac{q^2}{g}}}$ と計算される。

④ ⑤ $\rho q V_2+\dfrac{1}{2}\rho g h_2{}^2=\rho q V_3+\dfrac{1}{2}\rho g h_3{}^2 \leftrightarrow \boxed{\rho q^2 h_2{}^{-1}+\dfrac{1}{2}\rho g h_2{}^2=\rho q^2 h_3{}^{-1}+\dfrac{1}{2}\rho g h_3{}^2}$

⑥ $\boxed{\dfrac{q^2}{g}}\times(h_3{}^{-1}-h_2{}^{-1})=(h_2{}^2-h_3{}^2)/2$

⑦ ⑥ より $\dfrac{q^2}{g}\dfrac{h_3}{h_2}=\dfrac{h_2 h_3+h_3{}^2}{2} \leftrightarrow \dfrac{(V_2 h_2)^2}{g}\dfrac{h_3}{h_2}=\dfrac{h_2 h_3+h_3{}^2}{2} \leftrightarrow \dfrac{V_2{}^2}{g h_2}\dfrac{h_2}{h_3}=\dfrac{h_3/h_2+1}{2}$ となる。ここで $\chi=\dfrac{h_3}{h_2}$ とすると，$\chi^2+\chi-2\mathrm{Fr}_2{}^2=0$ が得られる。$\chi>0$ に注意して解くと，$\dfrac{h_3}{h_2}=\boxed{\dfrac{-1+\sqrt{1+8\mathrm{Fr}_2{}^2}}{2}}$ となる。

5 章

5.1 $\Delta p \propto \rho^{a_1}\mu^{a_2}U^{a_3}D^{a_4}L^{a_5}$ とおく。$\Delta p \propto L$ より $\alpha_5=1$ として $\Delta p/L \propto \rho^{a_1}\mu^{a_2}U^{a_3}D^{a_4}$ となる。$\Delta p/L$ の次元は $\mathrm{M}^1\mathrm{L}^{-2}\mathrm{T}^{-2}$ だから，両辺の次元を比較して

M：$1=a_1+a_2$

L：$-2=-3a_1-a_2+a_3+a_4$

T：$-2=-a_2-a_3$

これより，$a_1=1-a_2,\ a_3=2-a_2,\ a_4=-1-a_2$ が得られて $\Delta p/L \propto \rho^{1-a_2}\mu^{a_2}U^{2-a_2}D^{-1-a_2}$ $\leftrightarrow \Delta p \propto \rho\dfrac{U^2 L}{D}\left(\dfrac{\mu}{\rho U D}\right)^{a_2}$ と表せる。ρg で割って，$\dfrac{\Delta p}{\rho g}\propto\dfrac{LU^2}{2gD}2\left(\dfrac{\rho U D}{\mu}\right)^{-a_2}=$ $2\mathrm{Re}^{-a_2}\dfrac{L}{D}\dfrac{U^2}{2g}$ となり，$f=2\mathrm{Re}^{-a_2}$ とすれば，ダルシー・ワイスバッハ式となる。

5.2

次元行列は，**解表 5.1** となる。

解表 5.1

	d	τ	g	σ'	U
M	0	1	0	1	0
L	1	-1	1	-3	1
T	0	-2	-2	0	-1

Rank は 3 なので五つの変数のうち最大 3 変数が 1 次独立となる。

基本変数として独立な d, τ, g を選ぶ。無次元数の数は $5-3=2$ 個となり，従属変数として σ' と U を選ぶと無次元数はつぎのように書ける。

$$\Pi_1 = d^{a_1}\tau^{b_1}g^{c_1}\sigma'^{d_1}$$
$$\Pi_2 = d^{a_2}\tau^{b_2}g^{c_2}U^{d_2}$$

Π_1 に注目し，基本単位について方程式を立てる。

M：$b_1 + d_1 = 0$

L：$a_1 - b_1 + c_1 - 3d_1 = 0$

T：$-2b_1 - 2c_1 = 0$

ここで，$d_1 = -1$ とおいてみると，$a_1 = -1$, $b_1 = 1$, $c_1 = 1$ となり，$\Pi_1 = \tau/(\sigma' dg)$ が得られる。

（**補足**）　一般に河床砂に作用するせん断応力 τ は，底面せん断応力 $\tau_b \equiv \rho U_*^2$（$= \rho g i_f R$）のことである。また砂の密度を σ とすると，水中比重は $\sigma' = \sigma - \rho$ である。砂に作用するせん断力は $T \propto \tau d^2$，水中重力（重力－浮力）$N \propto \sigma' g d^3$ であり，無次元限界掃流力はこれらの比 T/N から導出されることがわかる。

6章

6.1　$\dfrac{\partial U}{\partial x} + \dfrac{\partial V}{\partial y} = \dfrac{\partial}{\partial x}\left(\dfrac{\partial \psi}{\partial y}\right) + \dfrac{\partial}{\partial y}\left(-\dfrac{\partial \psi}{\partial x}\right) = 0$　となる。よって連続式を満たす。

6.2　$z = re^{i\theta}$ を使って，$f(z) = i\Gamma \log z = i\Gamma \log re^{i\theta} = -\Gamma\theta + i\Gamma \log r$ となる。よって速度ポテンシャルは $\phi = -\Gamma\theta$ となる。これより r, θ 方向の速度は，$U_r = \dfrac{\partial \phi}{\partial r} = 0$, U_θ

$= \dfrac{1}{r}\dfrac{\partial \phi}{\partial \theta} = \Gamma/r$ となる。したがって

$$U = U_r \cos\theta - U_\theta \sin\theta = \frac{-\Gamma}{r}\sin\theta = \frac{-\Gamma}{r^2}r\sin\theta = -\frac{\Gamma}{r^2}y$$

$$V = U_r \sin\theta + U_\theta \cos\theta = \frac{\Gamma}{r}\cos\theta = \frac{\Gamma}{r^2}r\cos\theta = \frac{\Gamma}{r^2}x$$

と計算される。

よって渦度は，$\omega = \dfrac{\partial V}{\partial x} - \dfrac{\partial U}{\partial y} = \dfrac{\partial}{\partial x}\left(\dfrac{\Gamma}{r^2}\,x\right) - \dfrac{\partial}{\partial y}\left(-\dfrac{\Gamma}{r^2}\,y\right) = \Gamma\left(\dfrac{\partial}{\partial x}\left(\dfrac{x}{r^2}\right) + \dfrac{\partial}{\partial y}\left(\dfrac{y}{r^2}\right)\right)$

$= \Gamma\left(\dfrac{x'r^2 - x(r^2)'}{r^4} + \dfrac{y'r^2 - y\cdot(r^2)'}{r^4}\right) = \Gamma\left(\dfrac{r^2 - 2x^2}{r^4} + \dfrac{r^2 - 2y^2}{r^4}\right) = \dfrac{\Gamma}{r^4}\{2(x^2+y^2) - 2r^2\} = 0$

となる。以上より渦度は 0 であり，またポテンシャル流である。

6.3　$f(z) = Q \ln z = Q \ln(re^{i\theta}) = Q \ln r + iQ\theta$　　実部より速度ポテンシャルは，$\phi = Q \ln r$ となる。したがって，$U_r = \dfrac{\partial \phi}{\partial r} = \dfrac{Q}{r}$，$U_\theta = \dfrac{1}{r}\dfrac{\partial \phi}{\partial \theta} = 0$。これより原点周りの周回流速成分はなく，流れは原点から放射方向のみ。Q>0 であれば原点より遠方にわき出す流れとなり，Q<0 には原点に集まるすい込み流れとなる（14.5 節を参照）。

6.4　まず圧力 P の分布を計算する。無限遠方（$r = \infty$）の圧力を P_∞ とする。ここで無限遠方点の流速の大きさを $|U_\infty| = S$ とする。円柱周辺のある点における流速と圧力をそれぞれ U, P として，この点と無限遠方点でベルヌーイ式を立てると，$\dfrac{U^2}{2g} + \dfrac{P}{\rho g}$

$= \dfrac{U_\infty^2}{2g} + \dfrac{P_\infty}{\rho g}$ となる。

つぎに例題 6.3 より $U_r = \dfrac{\partial \phi}{\partial r} = S\left(1 - \dfrac{a^2}{r^2}\right)\cos\theta$，$U_\theta = \dfrac{1}{r}\dfrac{\partial \phi}{\partial \theta} = -S\left(1 + \dfrac{a^2}{r^2}\right)\sin\theta$ となる。

ここで $U^2 = U_r^2 + U_\theta^2 = S^2\left\{\left(1 - \dfrac{a^2}{r^2}\right)^2\cos^2\theta + \left(1 + \dfrac{a^2}{r^2}\right)^2\sin^2\theta\right\}$ が得られる。円柱表面（$r = a$）の流速の 2 乗は，$U_a^2 = 4S_0^2\sin^2\theta$ となる。よってベルヌーイ式より，円柱表面（$r = a$）の圧力 P_a は，$\dfrac{P_a - P_\infty}{\rho} = \dfrac{S^2}{2} - \dfrac{U_a^2}{2} = \dfrac{S^2}{2}(1 - 4\sin^2\theta)$ と表せる。

つぎに円柱に作用する流体力 F を計算する。これは円柱表面の圧力を積分することで求められる。ここで便宜的に $P_\infty = 0$ とすれば，$P_a = \dfrac{\rho S^2}{2}(1 - 4\sin^2\theta)$ となる。円柱の奥行を 1 とすれば，**解図 6.1** に示す円柱表面の微小面 $ad\theta$ に作用する力は $P_a ad\theta$ となる。さらに外力を成分ごとに計算する。

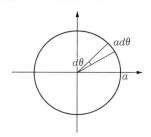

解図 6.1

x 方向の外力のトータルは，$F_x = \displaystyle\int_0^{2\pi} P_a a \cos\theta d\theta$

y 方向の外力のトータルは，$F_y = \displaystyle\int_0^{2\pi} P_a a \sin\theta d\theta$

$$F_x = \frac{\rho S^2 a}{2}\int_0^{2\pi}(1-4\sin^2\theta)\cos\theta d\theta = \frac{\rho S^2 a}{2}\left\{\int_0^{2\pi}\cos\theta d\theta - 4\int_0^{2\pi}\sin^2\theta\cos\theta d\theta\right\}$$

$$= \frac{\rho S^2 a}{2}\left\{0-4\left(\int_0^{2\pi}\cos\theta d\theta - \int_0^{2\pi}\cos^3\theta d\theta\right)\right\} = 0$$

$$F_y = \frac{\rho S^2 a}{2}\int_0^{2\pi}(1-4\sin^2\theta)\sin\theta d\theta = \frac{\rho S^2 a}{2}\left\{\int_0^{2\pi}\sin\theta d\theta - 4\int_0^{2\pi}\sin^3\theta d\theta\right\} = 0$$

と計算される。したがって円柱に作用する流体力は 0 となる。

$P_a = \dfrac{\rho S^2}{2}(1-4\sin^2\theta)$ より圧力が円柱の上流側 $\left(-\dfrac{\pi}{2}\le\theta\le\dfrac{\pi}{2}\right)$ と下流側 $\left(\dfrac{\pi}{2}\le\theta\le\dfrac{3\pi}{2}\right)$ で対称に分布し圧力が打ち消しあう。

　これは，川の中の橋脚や，風の中の木々には流体力が作用しないことを意味しており，非現実な主張である。それではなぜこのような結果となったのだろうか。ここではポテンシャル流を前提に理論展開した。ポテンシャル流＝渦なし仮定が前提条件である。渦なし条件ではナビエ・ストークス方程式の粘性項が 0 になる（9.7 節を参照）。つまり，流体の粘性摩擦（せん断摩擦）を無視して解いたから，現実と異なる結果が得られた。さらに補足すると，ここで用いたベルヌーイ式も粘性によるエネルギーロスを無視している。

　実際には円柱の表面には粘性摩擦が生じて，円柱の背後は流れが剥離して（条件にもよる），**解図6.2** のように，圧力の分布は上流下流側で非対称となる。通常は上流側の圧力が下流側よりも大きく，その差圧が抗力として円柱に作用する。ポテンシャル流理論ではこの抗力発生機構をうまく説明できず，**ダランベールのパラドックス**と呼ばれている。

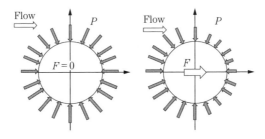

解図6.2　ポテンシャル流理論による圧力分布（左）と現実の圧力分布（右）

索　　　引

―― 著 者 略 歴 ――

1999 年　京都大学工学部交通土木工学科卒業
2001 年　京都大学大学院工学研究科修士課程修了（土木工学専攻）
2003 年　京都大学大学院工学研究科博士後期課程修了（環境地球工学専攻）
　　　　　博士（工学）　京都大学
　　　　　京都大学大学助手
2007 年　京都大学大学助教
2009 年　京都大学准教授
　　　　　現在に至る

水理学 ― 試験対策から水理乱流現象のカラクリまで ―
Hydraulics
― From exam preparation to study on turbulence phenomena in hydraulics ―

© Michio Sanjou 2021

2021 年 10 月 21 日　初版第 1 刷発行　　　　　　　　　　　　　★

| 検印省略 | 著　者 | 山 ^{さん} 上 ^{じょう} 路 ^{みち} 生 ^お |

著　者　　山　上　路　生
発 行 者　　株式会社　コ ロ ナ 社
　　　　　　代 表 者　　牛 来 真 也
印 刷 所　　美研プリンティング株式会社
製 本 所　　有限会社　愛 千 製 本 所

112-0011　東京都文京区千石 4-46-10
発 行 所　株式会社 コ ロ ナ 社
CORONA PUBLISHING CO., LTD.
Tokyo Japan
振替 00140-8-14844・電話(03)3941-3131(代)
ホームページ https://www.coronasha.co.jp

ISBN 978-4-339-05277-0　C3051　Printed in Japan　　　　（森岡）

土木・環境系コアテキストシリーズ

（各巻A5判）

■編集委員長　日下部 治
■編 集 委 員　小林 潔司・道奥 康治・山本 和夫・依田 照彦

共通・基礎科目分野

配本順				頁	本 体
A-1	(第9回)	土木・環境系の力学	斉 木　　　功著	208	2600円
A-2	(第10回)	土木・環境系の数学 — 数学の基礎から計算・情報への応用 —	堀 村　宗 朗 市 村　　 強共著	188	2400円
A-3	(第13回)	土木・環境系の国際人英語	井 合　　　進 R. Scott Steedman共著	206	2600円
A-4		土木・環境系の技術者倫理	藤 原　章 正 木 村　定 雄共著		

土木材料・構造工学分野

B-1	(第3回)	構 造 力 学	野 村　卓 史著	240	3000円
B-2	(第19回)	土 木 材 料 学	中 村　聖 三 奥 松　俊 博共著	192	2400円
B-3	(第7回)	コンクリート構造学	宇 治　公 隆著	240	3000円
B-4	(第21回)	鋼 構 造 学 (改訂版)	舘 石　和 雄著	240	3000円
B-5		構 造 設 計 論	佐 藤　尚 次 香 月　　 智共著		

地盤工学分野

C-1		応 用 地 質 学	谷　　和 夫著		
C-2	(第6回)	地 盤 力 学	中 野　正 樹著	192	2400円
C-3	(第2回)	地 盤 工 学	髙 橋　章 浩著	222	2800円
C-4		環 境 地 盤 工 学	勝 見　　 武 乾　　　徹共著		

定価は本体価格+税です。
定価は変更されることがありますのでご了承下さい。

‖‖‖‖‖‖‖‖‖‖‖‖‖‖‖‖‖‖‖‖‖‖‖‖‖‖‖‖‖‖‖‖ 図書目録進呈◆

環境・都市システム系教科書シリーズ

（各巻A5判，欠番は品切です）

■編集委員長　澤　孝平
■幹　　　事　角田　忍
■編集委員　　荻野　弘・奥村充司・川合　茂
　　　　　　　嵯峨　晃・西澤辰男

定価は本体価格+税です。
定価は変更されることがありますのでご了承下さい。

‖‖‖‖‖‖‖‖‖‖‖‖‖‖‖‖‖‖‖‖‖‖‖‖‖‖‖‖‖　図書目録進呈◆